智能机器人技术与产业系列规划教材

# Intelligent Quadruped Robot Lite3 Training Case Collection

# 智能四足机器人Lite3

## 实训案例集

朱秋国　主编

浙江大学出版社
ZHEJIANG UNIVERSITY PRESS

·杭州·

图书在版编目（CIP）数据

智能四足机器人Lite3实训案例集 / 朱秋国主编 .

杭州：浙江大学出版社，2025. 7. -- ISBN 978-7-308
-26494-5

Ⅰ. TP24

中国国家版本馆 CIP 数据核字第 2025HN4614 号

## 智能四足机器人Lite3实训案例集

朱秋国　主编

| | |
|---|---|
| 策划编辑 | 黄娟琴 |
| 责任编辑 | 吴昌雷 |
| 责任校对 | 王　波 |
| 封面设计 | 程　晨 |
| 出版发行 | 浙江大学出版社 |
| | （杭州市天目山路148号　邮政编码310007） |
| | （网址：http://www.zjupress.com） |
| 排　　版 | 杭州晨特广告有限公司 |
| 印　　刷 | 杭州宏雅印刷有限公司 |
| 开　　本 | 787mm×1092mm　1/16 |
| 印　　张 | 4.25 |
| 字　　数 | 74千 |
| 版 印 次 | 2025年7月第1版　2025年7月第1次印刷 |
| 书　　号 | ISBN 978-7-308-26494-5 |
| 定　　价 | 39.00元 |

# 序 言
## FOREWORD

　　当前，全球正经历新一轮科技革命和产业变革，人工智能与机器人技术作为关键驱动力，正在重塑产业格局和发展模式。智能四足机器人作为机器人的重要代表和具身智能的重要实践平台，其技术突破和应用拓展对工业智能化升级、应急救援能力提升以及前沿科学研究具有重要意义。

　　在国家实施创新驱动发展战略的背景下，机器人产业被列为重点发展领域。《"十四五"机器人产业发展规划》明确提出，到2025年要建成全球机器人技术创新策源地、高端制造集聚地和集成应用新高地。然而，据工业和信息化部统计，我国机器人产业人才缺口已突破百万，特别是具备系统开发能力和创新思维的高端人才尤为紧缺。这一现状亟需产学研各界协同发力，加快人才培养体系建设。

　　《智能四足机器人Lite3实训案例集》正是在这一时代背景下应运而生。本书由云深处科技与浙江大学联合编著，汇聚了产业界与学术界的专业智慧，旨在为机器人人才培养提供系统化的实践指导。全书以Lite3四足机器人为教学平台，精心设计了11个循序渐进的实训案例，涵盖从基础操作到高级开发的完整知识体系。

　　本书具有以下显著特点：

　　（1）实践导向：每个案例均基于真实工程场景设计，包括仿真环境搭建、运动控制算法实现、激光导航系统集成等核心内容

（2）技术前沿：系统介绍模型预测控制、强化学习PPO算法等先进技术，并创新性地探索了大语言模型与机器人系统的融合应用

（3）开放共享：所有案例代码开源，配套详实的操作指南和理论解析，为教学和研发提供全方位支持

本书既可作为高等院校机器人相关专业的实践教材，也可作为工程技术人员的参考手册。相信本书的出版将为我国机器人人才培养提供有力支撑，对推动技术创新和产业升级产生积极影响。

我们期待本书能够帮助读者掌握四足机器人开发的核心技术，培养解决复杂工程问题的能力，共同推动我国机器人产业高质量发展。

浙江大学求是特聘教授

2025年7月

# 前 言

PREFACE

在《"十四五"机器人产业发展规划》的引领下，我国正加速构建以高端制造为引领、自主创新为核心的新型产业生态。该规划明确提出，要通过突破关键核心技术和强化产业基础能力，将我国建设成为全球机器人技术创新策源地与高端制造集聚地。这一宏伟蓝图不仅为产业升级注入新动能，更对科技人才培养提出了时代要求。

作为"制造业皇冠顶端的明珠"，机器人技术已成为衡量国家科技创新实力的重要标尺。当前，从工业自动化产线的精密协作到应急救援场景的智能勘测，从智能电网的全天候巡检到极地科考的机器人协助，机器人技术正以前所未有的深度和广度逐步重塑人类的生产生活方式。特别是在具身智能（Embodied AI）革命的浪潮中，机器人作为智能体与物理世界的最佳交互载体，成为新一代科技变革的重要一环。

在众多机器人形态中，腿足式仿生机器人具有卓越的地形适应性和运动灵活性，是不可替代的地面移动机器人形态，也因此成为近年来国内外学术界及产业界研究与开发的热点之一。相较双足人形机器人，发展多年的四足机器人在技术方案及产业化方面更加成熟。

《智能四足机器人Lite3实训案例集》应运而生，旨在为广大学习者提供一个全面了解和深入研究四足机器人的窗口，可作为高校及职校的实训教材或培训类教材。通过精选的一系列实训案例，本书将引导读者从具体的实训操作案例出发，逐步掌握四足机器人的综合应用。无论是对于刚接触该领域的学生，还是希望深化理解的专业人士，本书都将具备参考价值。

本书案例均基于杭州云深处科技有限公司的教育科研类四足机器人产品 Lite3，部分案例由客户根据自身开发经验提供。

**本书特色**

**实践导向**：每一个实训案例都经过精心设计，从简单到复杂，涵盖四足机器人开发的各个方面。

**技术前沿**：结合最新的研究成果和技术动态，帮助读者了解技术发展。

**操作指南**：提供详尽的操作步骤和源材料，便于读者动手实践。

**创新启发**：鼓励读者在学习的基础上大胆尝试，开阔思路，激发创造性思维。

在此，我们诚挚地邀请您加入这场探索未来科技的旅程。让我们携手并进，共同开启智能四足机器人的无限可能！

本案例集由杭州云深处科技有限公司和浙江大学共同推出。潘忠梁、马尊旺、范展豪、单钦锋、王志成、韦婉笛负责案例的整理与编写，郑东鑫、杨扬、林熠等人负责案例的审核与校正。后续我们将持续更新和扩充案例集，为客户提供更加优质、全面的服务。同时，我们诚挚邀请读者在使用过程中及时提出宝贵意见和建议，帮助我们不断进步。此外，也欢迎客户、读者共享开发案例，共同推动四足机器人开发生态的建设。

实训案例集基于云深处的绝影 Lite3 及 J60 关节系列的硬件平台，案例所需的资料及软件代码均已上传至网络代码库（Github 平台：https://github.com/DeepRoboticsLab/Robot_Training_Cases；GitCode 平台：https://gitcode.com/DEEPRoboticsLab/Robot_Training_Cases），本书所涉及的产品及资料为编写时最新版本，后续如有更新请以最新官方产品及资料为准。

**>> 实训案例集总资源**

Github 平台

GitCode 平台

编者团队
2025 年 3 月

# 目　录
CONTENTS

# 【案例1】 基础知识及操作体验

## 1.实训背景

当前具身智能已成为人工智能和机器人学的重要研究方向,四足机器人(见图1.1)作为智能体与环境交互的重要载体,其技术价值与应用潜力正日益凸显。四足机器人是一类模仿四足动物行走方式的机器人,通常配备四条腿以实现移动功能。其设计灵感来自自然界中的四足动物(如狗、猫、马等),因此其在不同地形下具有较强的机动性和适应性。四足机器人的设计和控制涉及多个学科,包括机械工程、控制理论、计算机科学和生物学等。近年来,四足机器人的研究和应用得到了广泛关注,这得益于它们在复杂环境中的卓越表现,其在工业、消防、应急救援和科学研究等领域具有广阔的应用前景。

图1.1　四足机器人

四足机器人具有优越的环境适应能力、优异的动态平衡能力和精准的环境感知能力。通过搭载不同应用场景的功能模块,它能协同或帮助人类在立体的复杂环境中,开展安防巡检、勘测探索、公共救援等工作,有效减轻工作人员现场工作的危险性及重复机械劳动强度。四足机器人目前已在我国的变电站、地下管道、隧道、工业生产区的建筑测绘中进行应用。由于与传统的轮式和履带式探测车相比,四足机器人更善于穿越崎岖破碎的地形,它们未来还有可能飞向太空,协助人类探索地外星球。

Lite3四足机器人(见图1.2)是一款灵巧型智能机器狗。它主要面向教育科研场景与资深科技爱好者。在云深处自研关节、控制系统与智能算法的加持下,Lite3拥有强劲、敏捷且持久的运动能力。它提供深度开发支持,用户可基于智能算法进行多样的运动训练与开发,也可对自主导航、自动停障与绕障、视觉定位、环境重构等高级感知能力进行深度开发。其开放的模块化结构与接口大幅提升了拓展空间,为教育科研的二次开发提供平台支持。

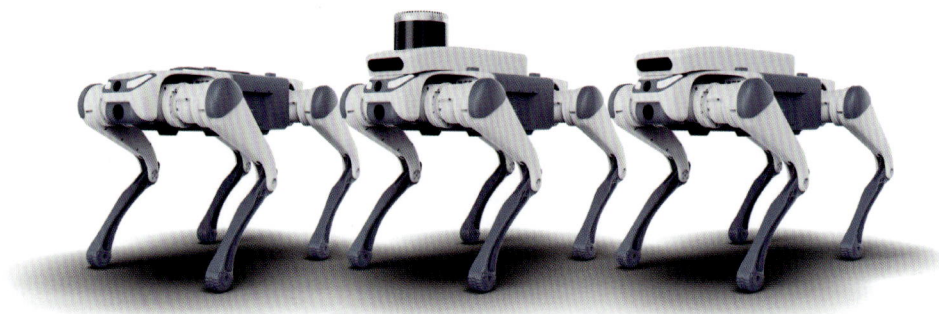

图1.2　Lite3四足机器人

## 2.实训内容

### 📇 了解四足机器人的相关历史

四足机器人的发展始于20世纪60年代的早期机械原型探索,随着步态控制理论的进步以及21世纪初实际应用原型的出现(如 Boston Dynamics 的 Big Dog),这一领域取得了重大突破。近年来,四足机器人技术逐渐成熟,智能自主性和商业化应用日益增强。未来,四足机器人将继续朝着更智能、更高效的方向发展,有望应用于复杂环境中的各类任务。

## 足式机器人科普

### 了解四足机器人的基础原理知识

四足机器人,又称机器狗,通过仿生学设计模仿动物的结构与运动,通过运动学和动力学、步态规划,以及传感器反馈等实现自主移动。其核心原理包括协调四条腿的步态、实时调整重心以保持平衡,并利用控制算法(如MPC控制或强化学习)来适应环境变化。结合高效的驱动系统,这些原理使四足机器人能够在复杂地形中稳定行走,并胜任各种任务。

### Lite3的实机操作体验

根据参考资料中Lite3的产品手册及使用视频,进行真机操作体验。

## 教学视频

## 3.实训目的及要求

(1)了解四足机器人的发展历史、四足机器人的特点以及与其他类型机器人对比的优势和劣势。

(2)了解足式机器人的控制发展历程及发展脉络。

(3)熟悉四足机器人的基本构造。

(4)阅读Lite3产品手册,了解Lite3的基本参数信息、硬件接口及传感器信息,熟悉Lite3的使用方法与注意事项。

(5)体验Lite3的操作使用,熟悉Lite3的运动操作,观察、体验、对比机器狗在不同运动模式、步态、身体高度下的运动性能及运动表现。

(6)结合产品手册说明及注意事项,体验Lite3机器狗支持的动作列表与各种特色功能。

### 4. 实训软硬件环境

（1）Lite3机器狗；
（2）配套手柄或"云深处科技"App；
（3）相关产品资料、视频。

### 5. 操作指南

（1）阅读参考资料，了解四足机器人相关历史、四足机器人的特点以及与其他类型机器人对比的优势和劣势；熟悉足式机器人的控制发展历程，了解足式机器人的发展脉络，明晰不同时期足式机器人的技术发展与创新特点；熟悉四足机器人的基本构造以及四足机器人关节的数量、名称及控制方式等内容，对四足机器人形成初步的认知与理解。

（2）阅读Lite3产品手册，了解Lite3的部件名称及主要参数。结合Lite3产品使用视频，熟悉产品的使用方式，了解产品及配件的灯光说明、App使用说明等内容，熟悉Lite3产品支持的功能以及具体使用方法，重点关注产品手册中的"注意""强制""禁止"等内容说明，避免发生不必要的损伤。

（3）参照Lite3产品手册与产品使用视频，完成以下内容，以进行机器狗的使用与操作。

①完成机器狗使用前的准备

在确保机器狗的使用环境适宜、放置在平整路面上且电量充足的情况下，即可开机启动。

②机器狗的连接与回零

使用手柄或安装了"云深处科技"App的安卓手机连接机器狗的Wi-Fi，Wi-Fi密码为12345678。连接成功后，可点击App上的【控制】按钮进入控制页面，随后将机器狗调整到产品手册中所示的准备姿态，点击【起立】按钮后，机器狗会进行自动回零。

③运动控制

观察、体验并对比机器狗在不同运动模式、步态、身体高度下的运动性能及运动表现。正常起立后，在移动模式下可选择步态或地形选项，推摇杆使机器狗运动。机器狗在平坦地形上移动时可根据需要选择合适的身体高度和速度。遇到低矮地形时可使用匍匐步态通过。遇到较矮的台阶、楼梯或较缓的斜坡、草地时,可使用越障步态下的通用挡位通过。遇到较高楼梯时,可切换到高踏步挡位。遇到较陡斜坡时,可使用抓地挡位通过。正常起立后,在原地模式下,可推摇杆使机器狗扭动身体。

④动作使用

在机器狗处于静止站立或趴下的状态且机器狗周围环境安全的情况下,点击App中的【动作】键并选择动作进行体验,体验过程中请注意观察机器狗身体及四肢的运动状态。

⑤语音口令

在使用过程中,点击【语音】键并说出产品手册中支持的口令,比如"打招呼""向前走",机器狗会执行相应的动作。

⑥AI功能

在设置页面的AI功能下,用户可以选择开启支持的AI功能并进行功能体验。

⑦关机

在机器狗处于趴下状态时,短按电源键再长按至LED灯闪烁一次对机器狗进行关机,若关机完成,机器狗会关闭所有灯光并停止转动散热风扇。

遇到问题可参考产品手册中的"异常处理"与"常见问题与解决"进行处理。

## 6.参考资料

本案例资料与代码可通过前言中的网络代码库的总地址跳转或扫描下方二维码获取。

Github平台　　　　GitCode平台

# 【案例2】 仿真环境部署

## 1.实训背景

随着机器人技术的快速发展,四足机器人因其在复杂环境中的高适应性和稳定性而受到广泛关注。得益于强化学习卓越的泛化性以及较低的入门门槛,近期,强化学习与足式机器人的结合也越来越受人关注。强化学习(Reinforcement Learning, RL)是一种机器学习方法,它通过与环境的交互来学习如何做出决策。在四足机器人的应用中,强化学习被用来训练机器人自动学习执行复杂的任务,如行走、跳跃、避障等。

目前足式机器人的强化学习训练主要是基于NVIDIA的Isaac Gym仿真平台。该平台结合了物理仿真、GPU加速、深度学习框架互操作性等特点,使得研究人员和开发者能够快速进行复杂的机器人仿真和训练。Isaac Gym仿真平台最大的优势就是能够利用NVIDIA CUDA库实现GPU并行计算,显著提高了模拟速度,并允许同时运行大量仿真环境,是机器人和AI研究的一大利器。

## 2.实训内容

### 熟悉强化学习的训练环境

强化学习训练环境的搭建主要包括虚拟环境的创建、必要依赖库的安装配置,以及Isaac Gym平台的部署调试。在搭建过程中,需要重点关注环境变量设置和GPU加速配置等关键技术环节,以确保仿真平台能够正常运行。

### 了解如何在Isaac Gym仿真平台中加载机器人模型

在Isaac Gym仿真平台中加载机器人模型需要按照一定的流程进行操作。首先,需要准备机器人的模型文件,这些文件定义了机器人的机械结构,包括各个关节、连杆以及它们的物理属性等内容,本案例提供了绝影Lite3的机器人模型文件。接着,通过平台提供的接口,可以将模型导入仿真场景,并自动生成对应的虚拟实体。对于四足机器人这样的复杂模型,需要注意其腿部结构、重量分布以及关节的运动范围,以确保仿真结果的准确性。最后,等模型加载完成后,可以通过配置文件设置机器人的初始状态、动作范围以及训练任务的具体要求。

### 📑 了解 Isaac Gym 平台的仿真接口和强化学习的工作过程

Isaac Gym 仿真平台采用分层设计,底层负责物理计算,上层提供编程接口,方便用户控制仿真过程并获取数据。强化学习的训练流程从环境初始化开始,智能体接收当前的环境状态,然后通过策略网络生成控制指令。仿真引擎会根据这些指令计算下一步的状态变化,并反馈新的观测数据和奖励值。这些数据会被收集起来,用于优化智能体的决策策略。

### 3. 实训目的及要求

(1)了解 Isaac Gym 仿真平台。

(2)了解机器人在仿真平台中的工作过程,并在仿真环境中导入机器人模型。

(3)了解强化学习的工作原理。

### 4. 实训软硬件环境

Ubuntu 18.04 及以上。

### 5. 操作指南

(1)在电脑上安装 anaconda(www.anaconda.com)。

(2)在电脑上安装虚拟环境。

| 1 | conda create −n dr_gym python=3.8 |
|---|---|

(3)随后使用 conda env list 确认环境是否已经正确安装,如图 2.1 所示。

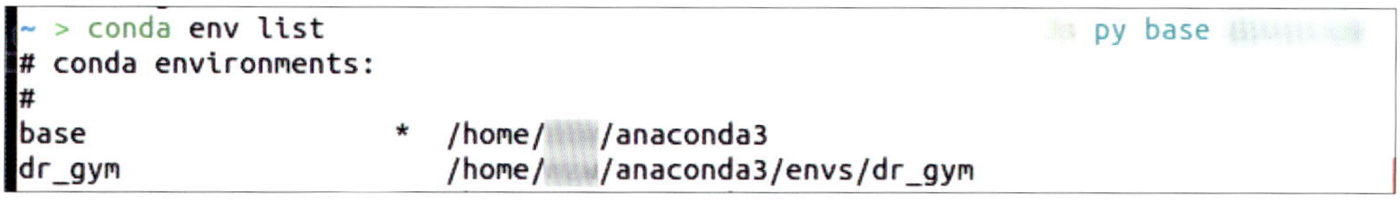

```
~ > conda env list                                    py base
# conda environments:
#
base                      *  /home/    /anaconda3
dr_gym                       /home/    /anaconda3/envs/dr_gym
```

图 2.1　终端指令示意

(4)后续所有的操作都在 dr_gym 环境中进行。

| 1 | conda activate dr_gym |
|---|---|

（5）安装 Isaac Gym（https://developer.nvidia.com/isaac-gym/download），确保官方给出的示例(在 python/example/目录下)能够正常运行(Isaac Gym 示例的界面见图 2.2 和图 2.3)。阅读官方给出的接口。

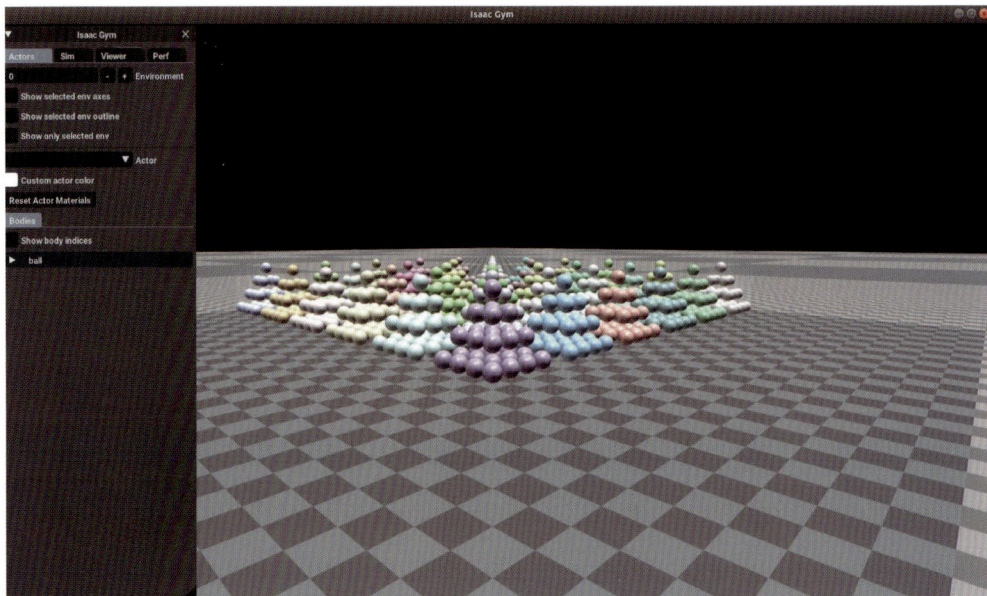

图 2.2　Isaac Gym 界面 1

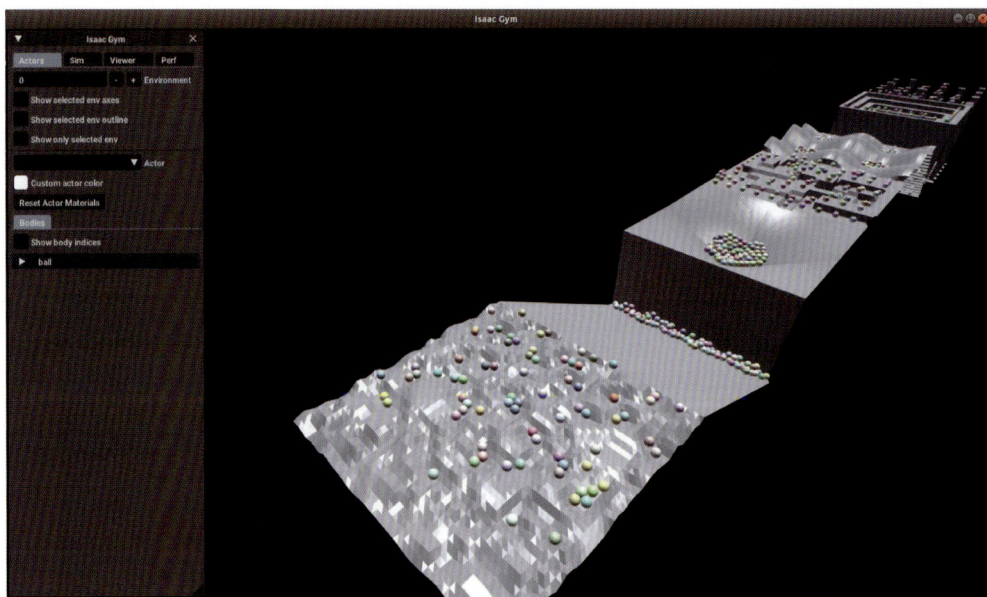

图 2.3　Isaac Gym 界面 2

（6）安装 rsl_rl 和 legged_gym(https://github.com/DeepRoboticsLab/Lite3_rl_training/tree/main)，在给出的代码中的rsl_rl和legged_gym目录下运行pip -e。

安装其他需要安装的库。

| 1 | pip install setuptools==59.5.0 |
|---|---|
| 2 | pip3 install torch==1.10.0+cu113 torchvision==0.11.1+cu113 torchaudio==0.10.0+cu113 −f https://download.pytorch.org/whl/cu113/torch_stable.html |
| 3 | pip install "numpy<1.24" |

运行/legged_gym/scripts/train.py脚本，观察是否运行正常（见图2.4）。

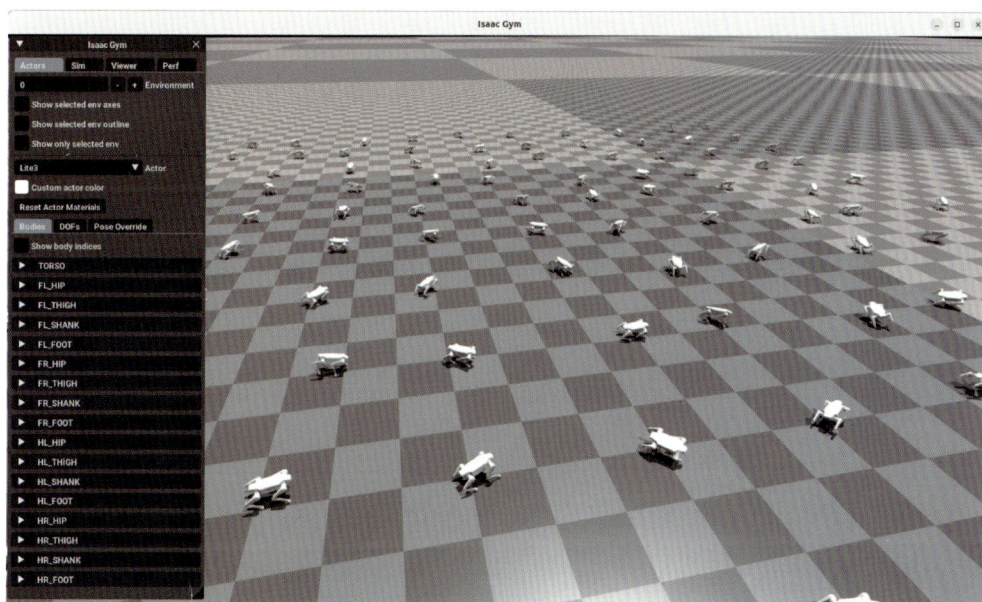

图2.4　Isaac Gym 导入 Lite3 案例

## 6.参考资料

本案例资料与代码可通过前言中的网络代码库的总地址跳转或扫描下方二维码获取。

参考资料

Github 平台

GitCode 平台

# 【案例3】 运动开发入门

## 1.实训背景

二次开发是指在现有产品或系统的基础上,通过增加新的功能、改进现有功能或进行个性化定制,满足特定用户需求的开发过程。

在机器人领域,二次开发可以用于扩展机器人功能,如增加自主导航、物体识别和追踪等能力。在智能硬件领域,通过二次开发可以整合第三方服务或增加新的控制逻辑,实现智能家居的个性化和自动化。在工业自动化领域,二次开发则可以用来优化生产流程、提升数据采集和监控的精度。

通过二次开发,开发者能够在保持系统稳定性的同时快速创新,使产品更具市场竞争力,并能够更好地满足不同用户的特定应用需求。标准化的软硬件接口支持使得二次开发不仅高效,还具备高度的灵活性和可扩展性,从而促进了技术创新和产品的不断进化。

## 2.实训内容

本案例将会介绍Lite3的硬件接口以及基础的硬件信息,详细介绍Lite3运动系统和感知系统的硬件构成以及软件接口(以Lite3为例,其他型号可具体参考对应手册资料),参照手册并结合SDK及例程在Lite3机器狗实机上完成接口及例程的试用,使实训者对Lite3的软硬件接口有初步的了解,为后续的其他复杂实训案例做准备。

Lite3的运动系统主要包含运动主机及与其连接的12个关节驱动器、IMU、超声波雷达、广角相机等部件,如图3.1所示。通过运动主机,可以获取部件的实时信息,并下发指令控制更新部件的信息,从而实现机器狗的运动控制。

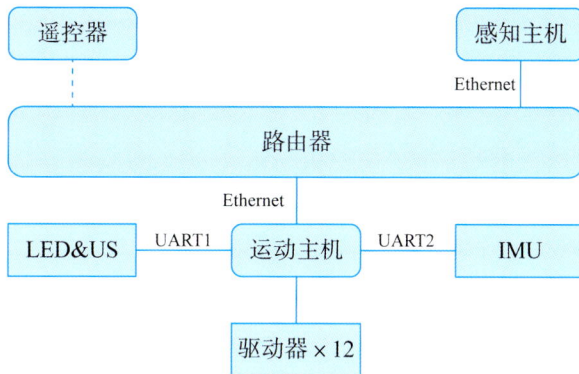

图 3.1　Lite3 运动系统结构图

通过诸多部件的联动，Lite3能够实现行走的功能以及一些复杂的动作。

本案例还将介绍Lite3的一些运动学概念，包括坐标系（见图3.2和图3.3）、运动参数及动力参数。

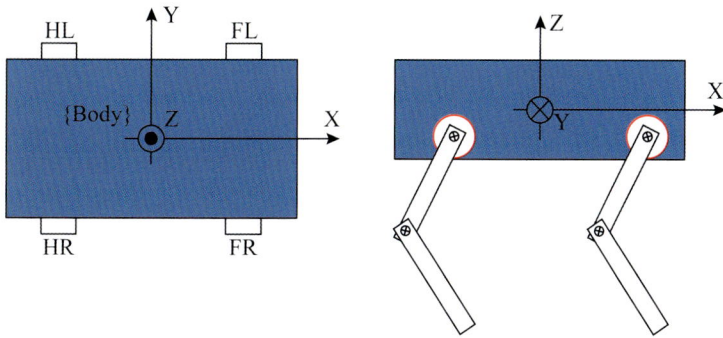

图 3.2　Lite3 身体坐标系

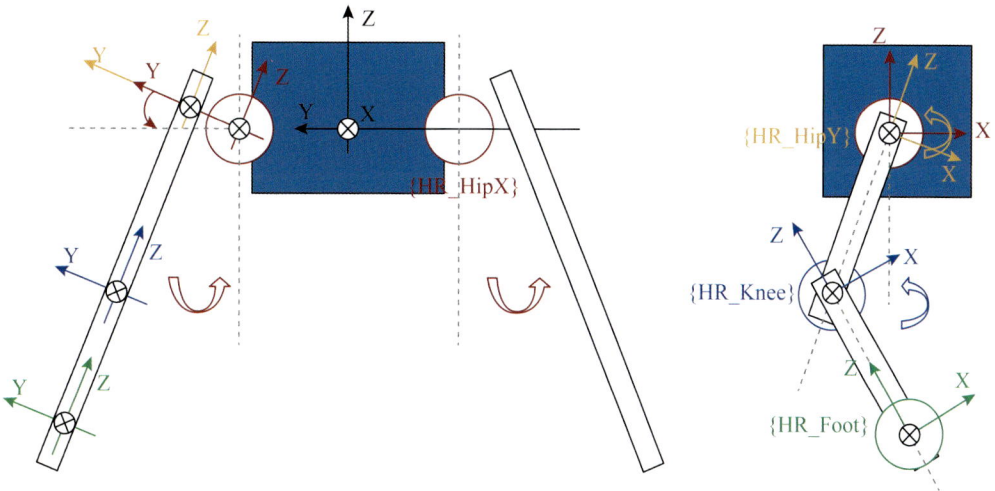

图 3.3　Lite3 关节及足底坐标系

### 3.实训目的及要求

(1)掌握Lite3的硬件接口及传感器信息。

(2)了解Lite3运动系统的构成,熟悉Lite3各个部件的物理和性能参数。

(3)熟悉Lite3的运动控制SDK,掌握运动控制程序流程,参照SDK完成Lite3机器狗运动主机连接、站立等简单操作。

(4)熟悉Lite3运动主机通信接口及作用,掌握通信指令的格式、作用及附带信息的含义。

### 4.实训软硬件环境

(1)Lite3(运动主机的系统为Ubuntu20);

(2)装有NoMachine且支持Wi-Fi的电脑。

### 5.操作指南

(1)阅读《绝影Lite3产品手册》的产品介绍部分,回顾Lite3的部件名称及接口等信息,熟悉Lite3的硬件接口信息。

(2)阅读《绝影Lite3运动开发手册》,了解Lite3运动系统的构成,熟悉Lite3各个部件的坐标信息以及规格参数信息,了解Lite3的日志功能和系统保护功能。在熟悉运动控制SDK的结构以及程序流程之后,参考运动开发的GitHub代码仓库,完成与运动主机的通信等二次开发的准备工作,并进行示例代码的编译开发与试运行。

(3)结合《绝影Lite3运动主机通讯接口》的通信指令,通过接口向运动主机发送指令,从而控制机器人实现相应功能,完成指令的试运行,并可尝试完成一些连续性的动作,部分通信指令会与感知主机通信,可在阅读《绝影Lite3感知开发手册》后再进行指令的试运行。

### 6.参考资料

本案例资料与代码可通过前言中的网络代码库的总地址跳转或扫描下方二维码获取。

**参考资料**

Github 平台

GitCode 平台

# 【案例4】 感知开发入门

## 1.实训背景

在具身智能研究领域,环境感知能力是机器人实现自主决策与智能交互的基础。Lite3 感知系统采用先进的感知系统架构,通过多传感器融合技术构建了完整的环境感知体系。系统搭载高性能计算单元,支持实时处理点云数据与视觉信息,为自主导航、动态避障等智能行为提供感知基础。

Lite3 的感知主机预留了丰富的硬件接口,支持外接多种设备。此外,用户可以通过远程连接方式登录 Lite3 的感知主机进行开发。Lite3 还提供了完整的二次开发 SDK 和丰富的示例代码,帮助开发者通过二次开发为新功能开发赋予更多可能性。

## 2.实训内容

本案例将介绍 Lite3 的硬件接口以及基础的硬件信息。本实训以 Lite3 激光版展开介绍,其他版本可参考具体的参考资料进行对照。激光版的硬件接口如图4.1 所示。本案例将详细介绍 Lite3 感知系统的硬件构成以及软件接口,回顾运动系统部分内容,参照手册并结合 SDK 及例程在 Lite3 机器狗实机上完成接口及例程的试用,使实训者对 Lite3 的软硬接口有初步的了解,为后续的其他复杂实训案例做准备。

Lite3 的感知系统主要包含感知主机及与其连接的深度相机与激光雷达等部件,并通过路由器/交换机与运动主机通信(见图4.2),从而向运动主机发送周围环境的感知信息。在运动系统与感知系统的多维配合下,Lite3 能够实现更多更复杂的功能。

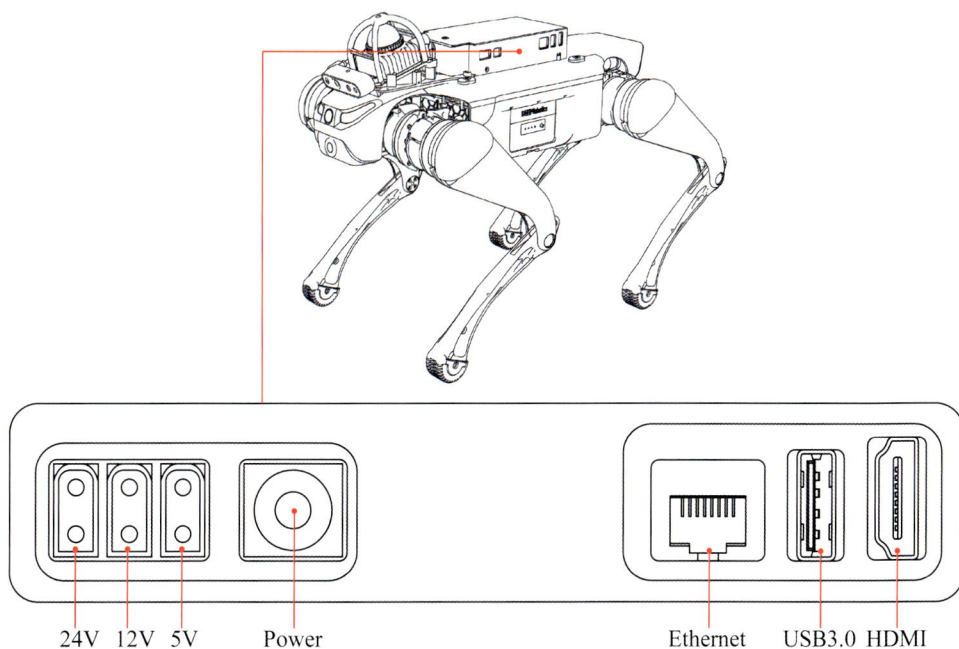

24V  12V  5V    Power            Ethernet  USB3.0  HDMI

图4.1　Lite3激光版的外接电气接口

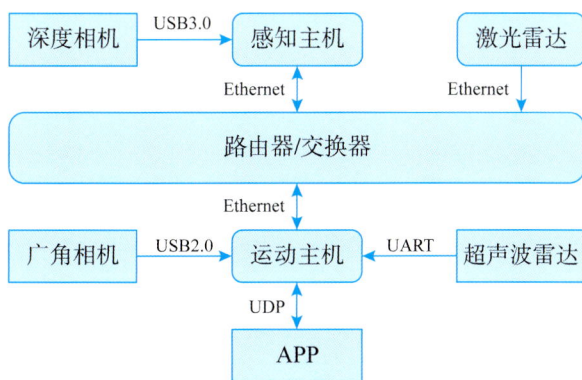

图4.2　Lite3激光版感知系统结构图

## 3.实训目的及要求

（1）阅读Lite3激光版产品手册，回顾Lite3的硬件接口及传感器信息。

（2）回顾Lite3运动主机通信接口及作用，熟悉通信指令的格式、作用及附带信息的含义。

（3）回顾Lite3感知系统的构成及与其他系统、部件的连接方式，熟悉感知主机的连接、登录方式。

（4）掌握 Lite3 深度相机的使用及二次开发方法。

（5）掌握 Lite3 运动通信功能包的使用及二次开发方法。

### 4.实训软硬件环境

（1）Lite3 激光版（运动主机和感知主机的系统为 Ubuntu20）；

（2）装有 NoMachine 且支持 Wi-Fi 的电脑。

### 5.操作指南

（1）阅读《绝影 Lite3 激光版产品手册》的产品介绍部分，回顾 Lite3 的部件名称及接口等信息，熟悉 Lite3 的硬件接口信息。

（2）阅读《绝影 Lite3 感知开发手册》，了解 Lite3 感知系统的构成以及硬件连接信息。参考手册中准备工作部分，建立与感知主机的连接并设置启动界面。

（3）参照感知开发手册中的内容，完成深度相机、运动通信功能包的使用及二次开发调试。

（4）在完成了运动系统的二次开发学习之后，结合《绝影 Lite3 运动主机通讯接口》的通信指令，完成其中感知相关接口的使用，修改或新建 SDK 中的代码，完成指令的试运行。

### 6.参考资料

本案例资料与代码可通过前言中的网络代码库的总地址跳转或扫描下方二维码获取。

>> 参考资料

Github 平台

GitCode 平台

# 【案例5】 单关节控制

## 1.实训背景

关节电机是专门用于驱动机器人关节运动的电动机,通过提供精确的旋转或线性运动,使机器人能够实现多种灵活的动作,是机器人运动系统的核心组件之一。它们能够精确控制关节的角度、速度和位置,确保机器人在执行抓取、搬运、组装等任务时的精度和可靠性。在具身智能研究快速发展的当下,关节作为机器人实现环境交互的基础执行单元,其性能直接决定了智能体的运动能力和环境适应性。

常见的关节电机类型包括直流有刷电机、直流无刷电机、步进电机等。关节电机的选择和配置直接影响机器人的运动平稳性、响应速度和负载能力,因此通常需要配备传感器和控制器以实时监控和调整电机状态,确保在各种环境下的准确操作。关节电机为机器人运动提供动力,是实现机器人复杂功能的关键部件。

## 2.实训内容

J60关节(见图5.1)可支持多种形态机器人的开发需求,特别是以四足机器人和人形机器人为代表的足式机器人。

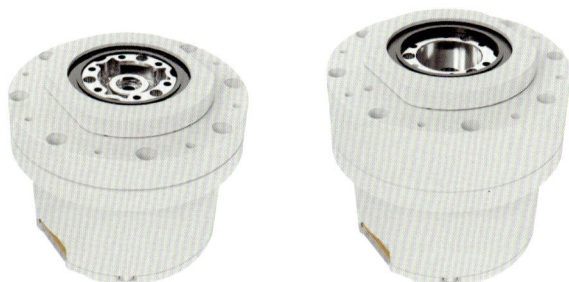

图5.1　J60系列关节(左:J60-6;右:J60-10)

J60提供丰富的调试和开发套件,配备串口和CAN通信接口,以及可视化关节调试软件,支持CAN和串口通信,兼容Windows和Linux系统。除此之外,其还提供CAN通信协议和基于C语言编写的SDK及使用例程,进一步支持Linux系统的开发。

本案例以J60系列关节为平台,通过学习J60产品的产品介绍及接口线束,了解关节模组的组成与通信方法,结合包含关节调试工具软件和基于CAN通信的关节控制SDK的开发套件,完成关节的调试学习与开发使用。

### 3. 实训目的及要求

(1)了解J60产品的基本规格参数信息、安装尺寸图及负载特征曲线,以及J60产品的硬件接口与调试配件信息。

(2)掌握关节调试工具的界面信息、包含功能以及功能具体的使用方法。

(3)了解CAN通信协议,熟悉关节电机支持的CAN通信协议。

(4)掌握关节控制SDK中的代码原理,熟悉例程的使用。

(5)借助调试工具,熟悉单关节电机的调试与使用。

(6)借助例程掌握电机的开发方法;尝试修改例程或借助SDK开发,完成关节的个性化调试与开发使用。

### 4. 实训软硬件环境

(1)J60-6或J60-10关节;

(2)24V稳压直流电源;

(3)开发主机(建议装有Linux系统);

(4)调试配件包(包含通信、供电线缆与转换工具,如图5.2所示)。

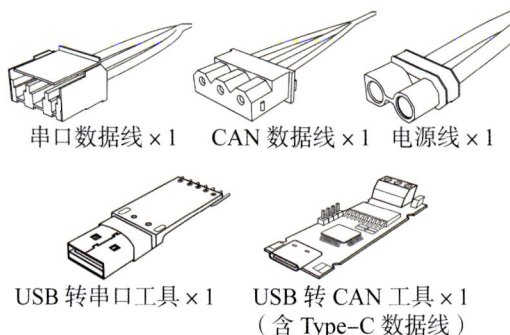

串口数据线×1    CAN数据线×1    电源线×1

USB转串口工具×1    USB转CAN工具×1
                （含Type-C数据线）

图5.2　调试配件包

## 5.操作指南

阅读《J60关节产品手册》,掌握J60产品的整体介绍、接口与线束(见图5.3)、关节调试工具(见图5.4)、调试与使用、CAN通信协议、注意事项等内容。

了解J60关节的外观信息、规格与尺寸参数,了解接口与线束信息后,完成J60关节-调试工具-开发主机的连接及J60关节-稳压直流电源的连接。

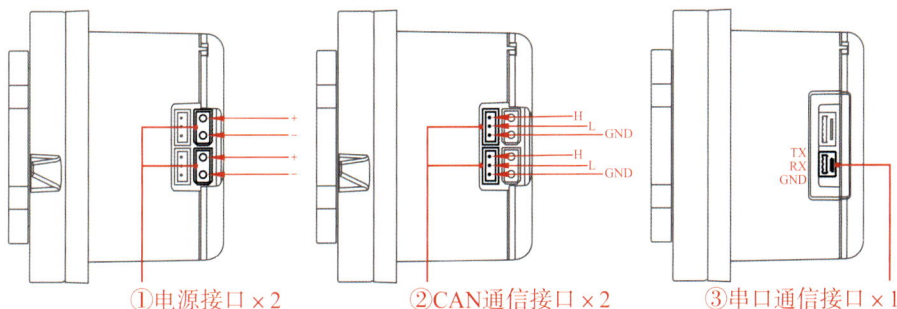

①电源接口×2　　②CAN通信接口×2　　③串口通信接口×1

图5.3　J60关节接口定义

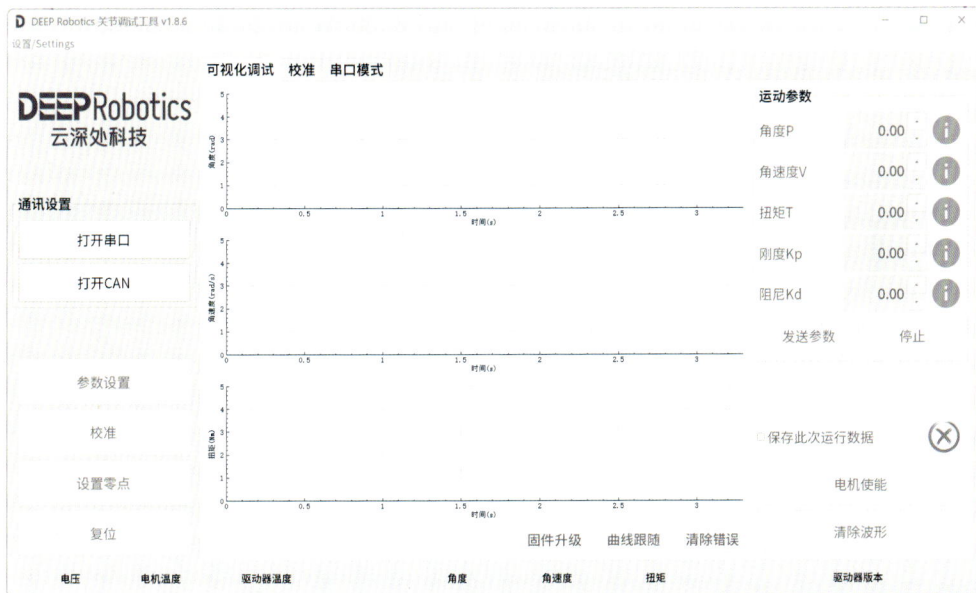

图5.4　关节调试上位机界面

为关节上电后,参照手册的3、4章内容完成开发主机的开发环境配置,与关节建立通信后完成参数设置,随后完成关节的校准与零点设置,接着参照手册,为关节使能并尝试关节的多种运动控制方法与控制功能,对比下发不同参数后,关节的运动状态的异同与特点,在使用不同控制模式控制关节时需注意参照手册中的注意事项,以避免造成不必要的损伤。

阅读并理解开发套件内容,参照SDK的自述文件,完成单关节的例程编译与运行,结合控制台中的打印内容与例程及SDK文件源码,掌握SDK的结构与功能。

参照自述文件中的"SDK的使用方法"部分,学习SDK的使用方法,并尝试修改例程或借助SDK开发,结合产品手册中的CAN通信协议部分,掌握J60关节的开发格式与具体的开发方法,实现关节的多样化、个性化控制与运转,为后续的其他复杂实训做准备。

### 6.参考资料

本案例资料与代码可通过前言中的网络代码库的总地址跳转或扫描下方二维码获取。

Github平台　　　　GitCode平台

# 【案例6】 基于VMC的运动控制

### 1.实训背景

基于模型的控制方法是一种常见的控制策略,它依赖于对机器人系统的数学模型来进行控制算法的设计。基于模型的控制方法可以提供精确的控制,因为控制算法是基于对系统行为的深入理解而设计,能够针对特定的足式平台实现指定功能。此外,模型还可用于设计更复杂的控制策略,如自适应控制和智能控制,这些策略可以提高机器人在未知环境中的性能。

在最新的研究中,深度强化学习在足式机器人上的应用获得广泛关注,基于模型的控制与强化学习控制的共同发展会是一个长期状态。基于模型的机器人运动控制技术覆盖了包括机器人动力学、多传感器融合、系统辨识等比较有挑战性的领域。

### 2.实训内容

本案例主要采用虚拟模型控制(Virtual Model Control,VMC)的方法,虚拟模型控制中认为四足机器人的质量全部集中在身体中,忽略腿部的重量,利用地面作用力实现对机器人身体的控制,控制流程如图6.1所示。首先基于虚拟模型控制原理在仿真平台中理解四足机器人的支撑腿和摆动腿的控制原理,然后在实物Lite3机器狗中部署程序。

图6.1　机器狗运动VMC控制流程

### 3.实训目的及要求

（1）了解四足机器人仿真环境和虚拟模型控制算法原理。

（2）了解四足机器人运动程序的运行方式。

### 4.实训软硬件环境

（1）Lite3（运动主机的系统为Ubuntu20）；

（2）装有ROS1和Gazebo且支持Wi-Fi的电脑。

### 5.操作指南

（1）配置ROS1，参考官方文档(https://www.ros.org/blog/getting-started/)。

**配置ROS1**

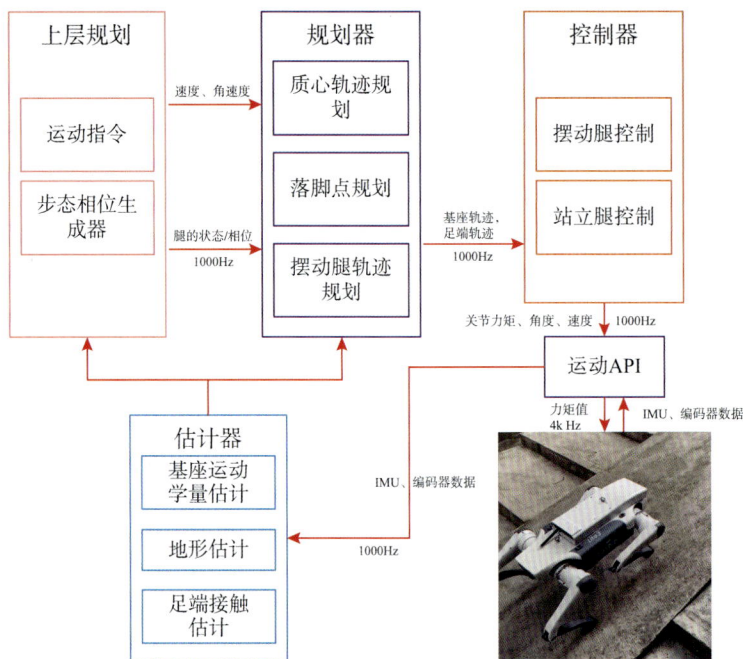

配置gazebo,参考官方文档(https://gazebosim.org/docs)。

>>> **配置 gazebo**

对于 ROS melodic,请安装如下功能包:

| 1 | sudo apt-get install ros-melodic-controller-interface |
| --- | --- |
| | ros-melodic-gazebo-ros-control ros-melodic-joint-state-controller |
| | ros-melodic-effort-controllers ros-melodic-joint-trajectory-controller |

对于 ROS noetic,请安装如下功能包:

| 1 | sudo apt-get install ros-noetic-controller-interface |
| --- | --- |
| | ros-noetic-gazebo-ros-control ros-noetic-joint-state-controller |
| | ros-noetic-effort-controllers ros-noetic-joint-trajectory-controller |

| 1 | cd ${your_workspace} |
| --- | --- |
| 2 | catkin_make |
| 3 | source ${your_workspace}/devel/setup.bash |

(2)代码编译。

| 1 | cd ${your_workspace} |
| --- | --- |
| 2 | catkin_make |
| 3 | source ${your_workspace}/devel/setup.bash |

(3)加载gazebo仿真环境。界面如图6.2所示。

| 1 | roslaunch gazebo_model_spawn gazebo_startup.launch |
| --- | --- |

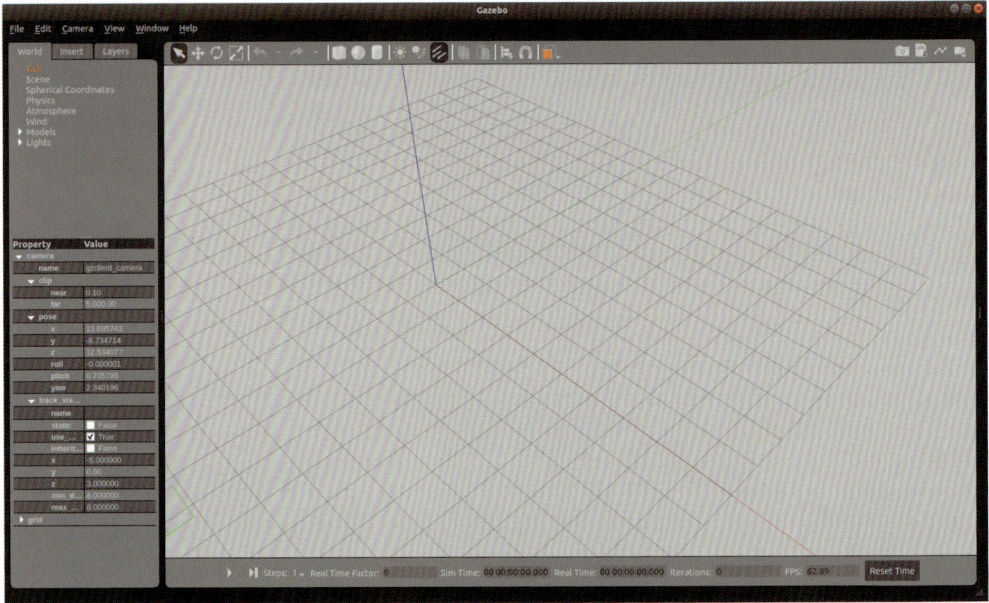

图 6.2　gazebo 仿真界面

（4）在仿真中加载 Lite3 仿真模型，如图 6.3 所示，按下任意按键启动控制器。

| 1 | roslaunch gazebo_model_spawn model_spawn. launch rname: =lite3 use_xacro: =true use_camera:=false #start controller |
|---|---|

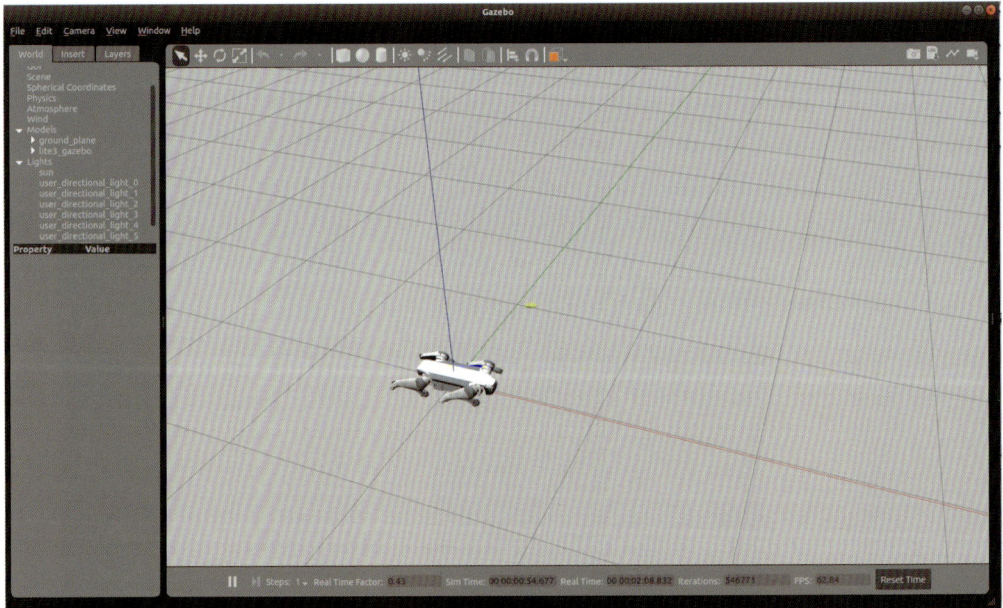

图 6.3　gazebo 加载 Lite3 模型

（5）运行仿真运动程序，在仿真中 Lite3 会先处于站立状态，如图 6.4 所示。

| 1 | rosrun examples example_lite3_sim |
|---|---|

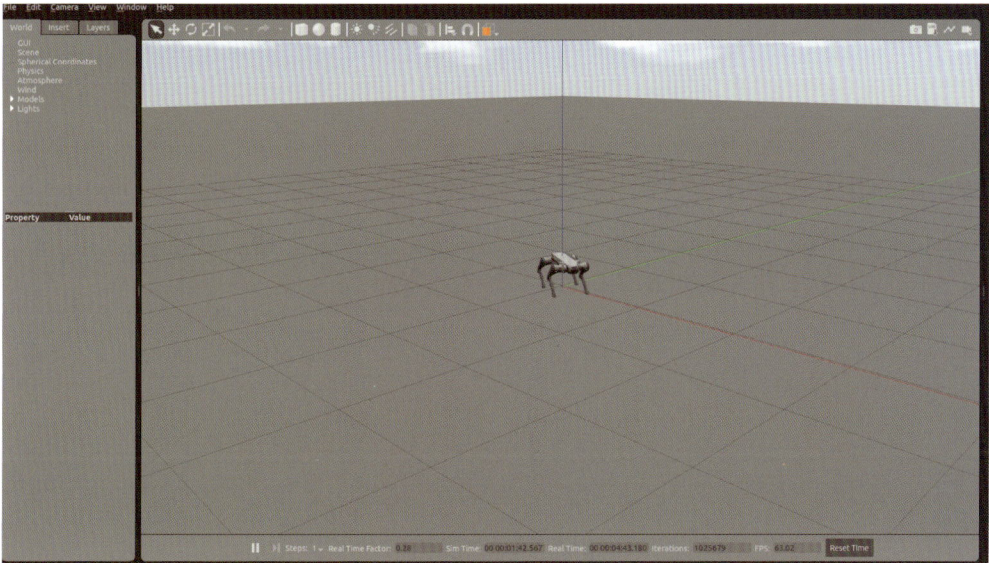

图6.4  Lite3在gazebo中处于站立状态

（6）运行键盘控制程序，在仿真中Lite3响应键盘的控制输入实现行走功能，如图6.5所示。

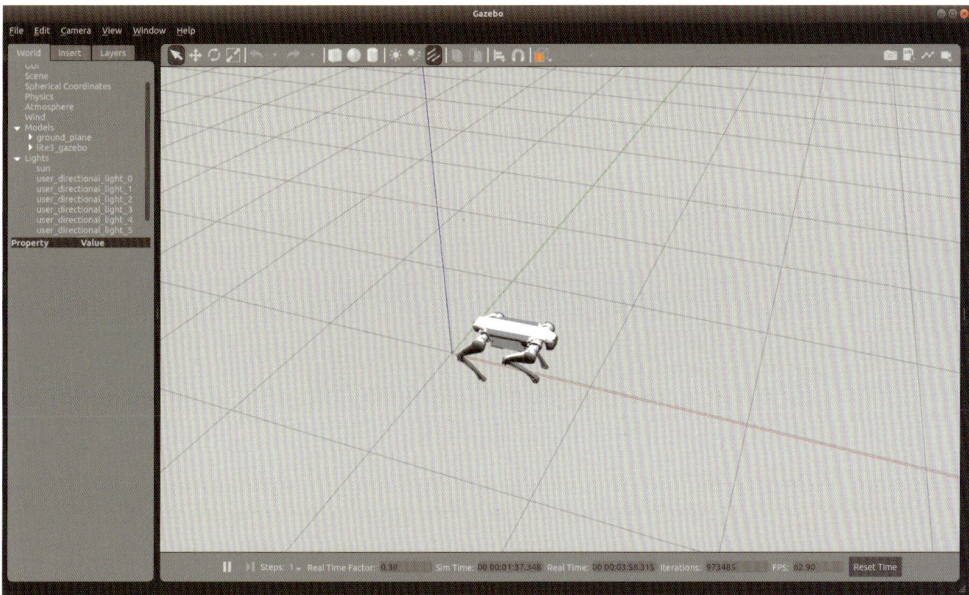

图6.5  gazebo中Lite3行走

（7）运行代码中的实机部署程序，实际部署如图6.6所示。

| 1 | rosrun examples example_lite3_real |
|---|---|

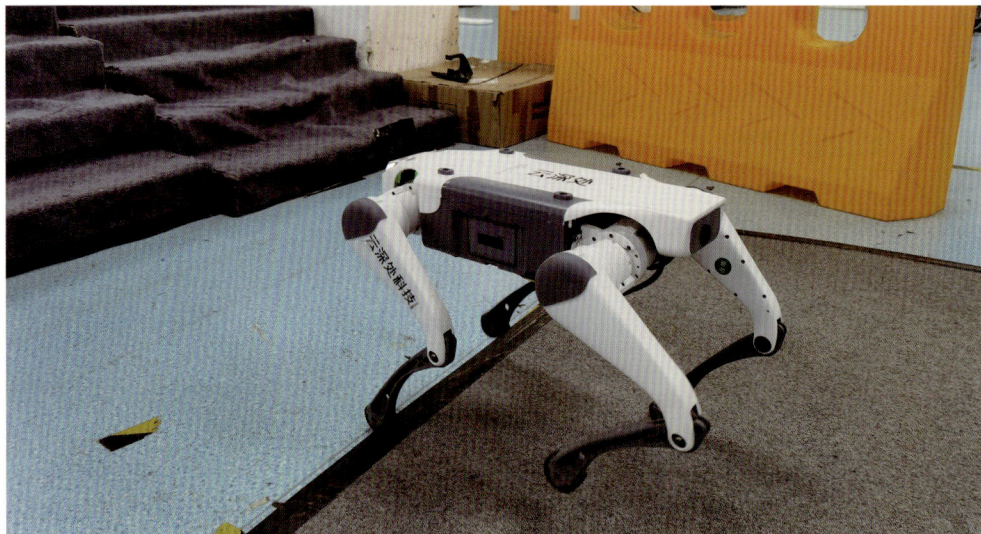

图6.6　Lite3实机部署

（6）有兴趣的读者可以修改程序中的参数，看能否实现更好的行走效果。

## 6.参考资料

本案例资料与代码可通过前言中的网络代码库的总地址跳转或扫描下方二维码获取。

Github平台

GitCode平台

# 【案例7】 基于强化学习的训练及部署

## 1.实训背景

强化学习作为一种有效的学习策略,已被证明在四足机器人的控制和决策中具有显著优势。通过与环境的交互,四足机器人能够学习如何在不同的地形和条件下实现稳定行走和任务执行。例如,通过设计合适的奖励函数,四足机器人可以在模拟环境中学习如何避免障碍物、跨越沟渠或在不平坦的地面上保持平衡(见图7.1)。

图7.1　Lite3跑酷

强化学习是一种机器学习方法,着重于让智能体在与环境的交互中学习如何做出决策,以最大化预期收益。

强化学习是智能体在与环境的交互过程中通过学习策略来达成回报最大化或实现特定目标。环境是一组表示状态 $s_t$ 受动作 $a_t$ 影响的时序变化的随机规则,环境中状态的转移可以表示为：

$$s_{t+1} \sim P(s_t, a_t) \tag{7-1}$$

策略的本质是一组概率分布，记作 $\pi(a_t|o_t)$，表示在特定的观测值向量 $o_t$ 下执行某种行为 $a_t$ 的概率，智能体的行动从概率分布中随机采样生成。其中，观测值向量 $o_t$ 是在环境中智能体可以获知的部分状态。强化学习的总目标是使搜索到在无限长的时间上期望折扣奖励收益最大的一组策略，记作：

$$\pi^*(\theta) = \arg\min_\theta E_{\tau(\pi(\theta))} \left[ \sum_{t=0}^{\infty} \gamma^t r_t \right] \tag{7-2}$$

其中，$\theta$ 是策略的参数，$\gamma \in [0,1]$ 是折扣率，表示奖励 $r_t$ 的重要性随时间衰退的速度，$\tau$ 是当前策略产生的一条轨迹，即一段时间内的动作值–观测值序列。

针对机器人控制领域，强化学习被广泛应用于训练机器人执行复杂任务，如稳定步行、运动控制等。其中使用深度神经网络作为强化学习策略形式的深度强化学习（Deep Reinforcement Learning, DRL）结合了深度学习的强大特征提取能力和强化学习的决策制定能力，为四足机器人的自主学习提供了新的途径。通过端到端的训练，四足机器人能够在没有人类干预的情况下，从零开始学习复杂的步态和运动策略。

### 2.实训内容

利用强化学习代码训练出可以行走的策略，先在仿真中验证策略的可行性，然后再在实机 Lite3 中部署训练出的策略，实现四足机器人从站立到行走状态的切换。

四足机器人稳定步行任务：使用 Proximal Policy Optimization (PPO) 算法，训练一个四足机器人在 Isaac Gym 环境中完成稳定步行的任务。读者需要了解并实现 PPO 算法，以优化机器人的策略，使其能够有效地保持平衡并完成步行任务。

这是一个用于训练四足机器人行走的环境，其中包括 Lite3 机器人作为智能体，其具有 12 个关节自由度。该环境的地形包括平地、随机地面、台阶和斜坡等复合地形。智能体的状态空间包含了以下关键信息：身体的角速度、姿态（表示为身体坐标系下的重力方向）、身体线速度、速度指令、关节角度和关节角速度。动作空间通过 PD 控制器的位置指令来控制机器人的运动。PD 控制器的公式为：

$$\tau = K_p(q^* - q) + K_d(\dot{q}^* - \dot{q}) \tag{7-3}$$

其中 $\tau$ 是发送给关节的力矩指令，$q$ 是当前的关节角度，$\dot{q}$ 是当前的关节角速度，$q^*$ 是策略产生的位置指令，$\dot{q}^*$ 是关节角速度指令，在本环境中恒定为 0。$K_p$ 和 $K_d$ 为人为设定的刚度和阻尼系数，在本环境中分别为 20 和 0.7。

四足机器人的稳定步行可以被描述为从静态的初始状态开始，保持智能体存活、具备一定周期性并能够跟踪外部指令的无限时序决策任务。在本案例中，四足机器人的静态初始状态为站立姿势，身体高度约为 28cm。智能体存活的判定标准是：除了足底和小腿之外的其他部分不与地面发生接触，同时横滚和俯仰的角度绝对值小于 45°。一旦四足机器人身体其他部分接触地面，或身体姿态角偏差超出阈值，仿真环境中的机器人将被立刻重置回初始状态并重新开始。本案例中的外部指令包括机器人身体的线速度和偏航角速度，在完成训练后，机器人应该能够按照指令行走，且其实际线速度和角速度与指令尽可能相同。

奖励函数 $r_t$ 是在 $t$ 时刻产生的对状态和行为进行评估的标量值。奖励函数的设计能对智能体的行为进行特定激励，并规范策略的行为。算法的最终优化目标是使智能体在行走过程中，能够在给定的轨迹上取得足够大的奖励总值。对于一般的四足机器人的稳定步行任务而言，奖励函数由存活、姿态保持、指令跟随和能量消耗的加权算术和组成。除前述的避免摔倒和速度跟随之外，考虑到现实世界中四足机器人的结构材料、关节电机性能和运动安全性，四足机器人稳定步行任务还应当尽量减少能量消耗、避免关节抖动、保证机器人踏步频率在安全范围内，以及运动过程中各关节的位置、速度、力矩都在机器人关节能力范围以内。因此，以上内容都需要作为辅助性的惩罚项加入奖励项中。

本案例中，大部分奖励如速度跟随、能量消耗都被量化表述为机器人状态量与理想水平的误差，但考虑到直接对负数误差加权求和会导致奖励过于稀疏、智能体会选择主动结束轨迹的问题，环境中对使用核函数变换将负数误差转变为正奖励，以鼓励智能体尽可能长地保持存活，其函数表达式如下：

$$F_{a,b}\left(x, x^*\right) = a \cdot \exp\left(-b\left|x - x^*\right|^2\right) \qquad (7-4)$$

式中，$x$ 和 $x^*$ 为用于计算奖励的状态量和其理想水平，$a$ 和 $b$ 为可调整的参数。

本案例所使用的训练环境中，还包括域随机化（Domain Randomization）的相关算法。"域"指一个机器学习算法可以适应的所有输入构成的集合，而域随机化算法可以通过随机变更训练环境参数扩大策略可以适应的观测值范围。本案例中，域随机化算法主要用于扩展机器人本身模型与环境的动力学参数,例如机器人各个连杆的质量质心、各关节的摩擦阻尼、地面的摩擦和弹性、信号传输延迟等。域随机化可以克服实际机器人与用于训练的机器人模型参数不同的问题,减小强化学习策略在实际机器人上与仿真环境中的差异。

### 3.实验目的及要求

(1)了解四足机器人仿真环境和应用在四足机器人的强化学习算法原理,尤其是PPO算法的工作原理。

(2)了解四足机器人运动程序的运行方式。

(3)编写代码,使用纯Python语言完成PPO算法的实现,不能调用额外的包。

(4)在强化学习环境中使用参考资料提供的四足机器人仿真环境进行实验,完成稳定步行任务。

(5)调整训练环境的参数,调试优化算法以实现更好的机器人步行性能。

(6)(可选)搭配Lite3机器人的SDK,在实机上部署强化学习步行策略,实现与仿真环境中类似的效果。

### 4.实验软硬件环境

(1)Lite3(运动主机的系统为Ubuntu20);

(2)装有NVIDIA显卡的电脑(建议NVIDIA GPU 显存大于8GB);

(3)Python3.6,3.7或3.8,C++。

### 5.操作指南

(1)在电脑上安装Isaac Gym(参考案例2,见图7.2),确保可以正常运行官方示例。

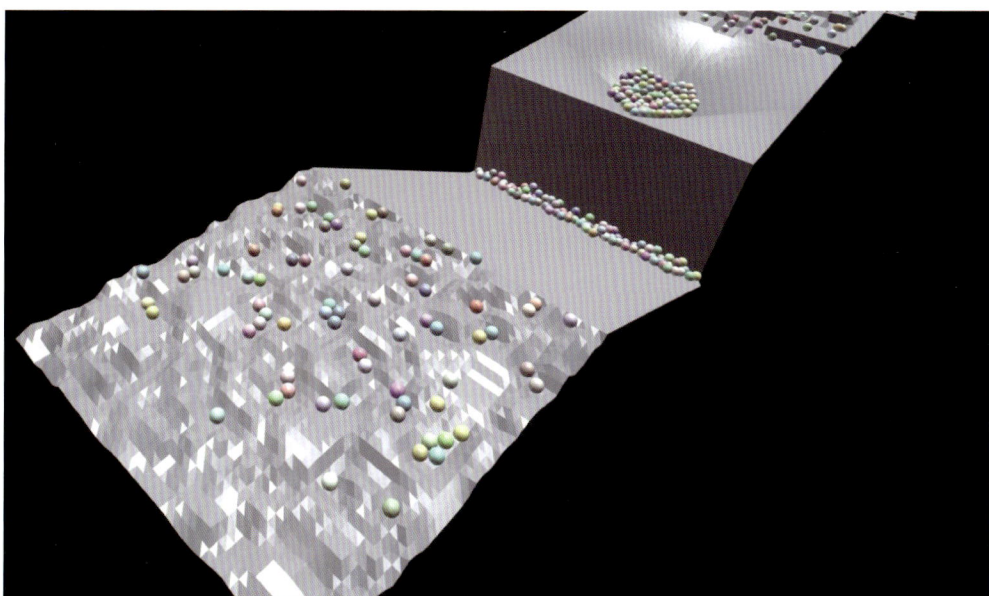

图 7.2　Isaac Gym官方示例

（2）根据训练代码中给出的依赖Python包，确保训练程序能正常运行。运行训练程序，确保仿真训练正常运行（见图7.3）。

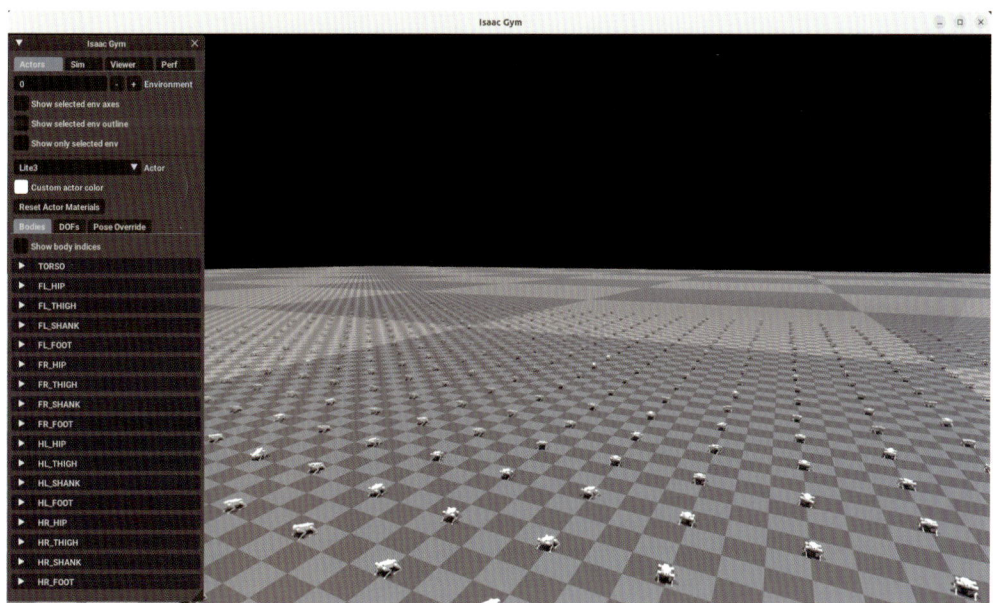

图 7.3　在 Isaac Gym中训练Lite3

（3）在Isaac Gym仿真环境中进一步验证训练好的策略是否有问题（见图7.4）。

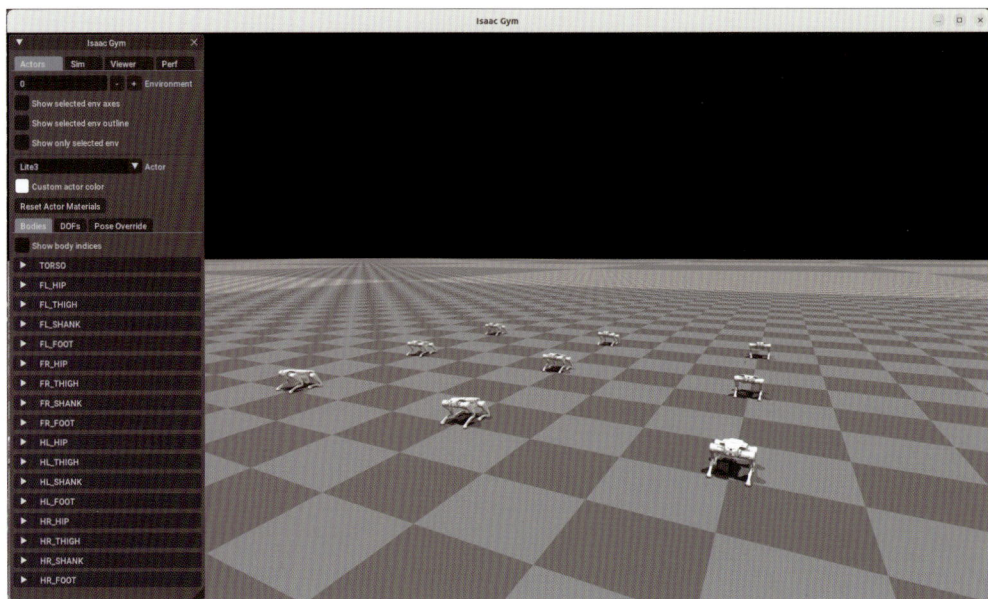

图7.4　进一步仿真验证

（4）按照代码库中的readme.md文件，将训练好的策略根据给出的部署代码在实机Lite3中验证效果并调优。

（5）有兴趣的同学可以在仿真环境中增加地形（见图7.5），查看训练效果。

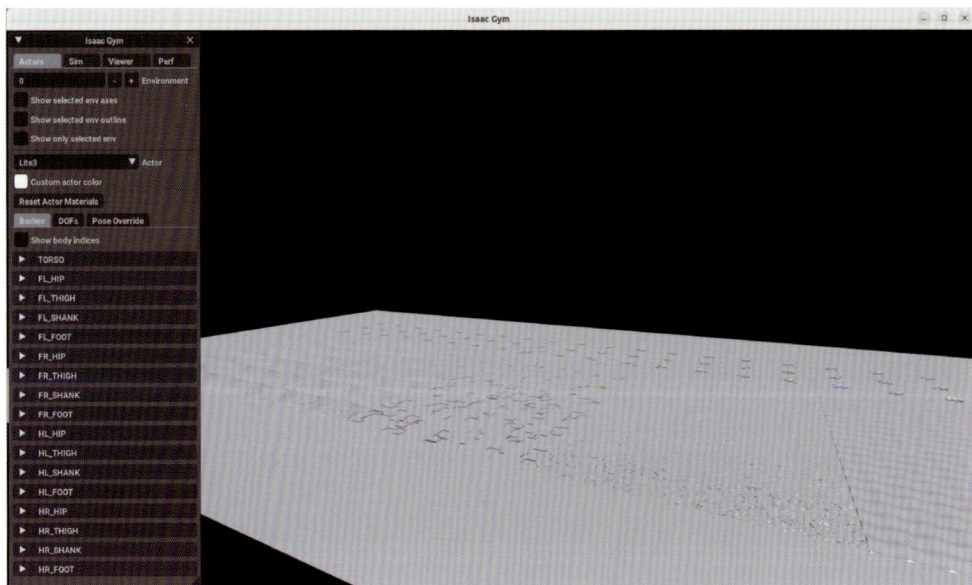

图7.5　Isaac Gym中的更多地形

## 6.参考资料

本案例资料与代码可通过前言中的网络代码库的总地址跳转或扫描下方二维码获取。

> **参考资料**
>
> Github平台　　　　GitCode平台

# 【案例8】 激光定位、建图与导航(上)

## 1.实训背景

机器人系统的发展不仅依赖于先进的计算架构,更需要通过与物理环境的有效交互,实现感知、决策与执行的闭环控制。自主导航技术作为具身智能的核心组成部分,直接影响机器人在非结构化环境中的任务执行效能。而环境感知与地图构建作为自主导航的基础模块,为机器人提供了环境信息获取、特征提取和空间建模的关键能力,支撑机器人实现定位、路径规划和动态避障等功能。

激光雷达(Light Detection And Ranging, LiDAR)作为一种高效的三维空间扫描手段,在机器人导航系统中扮演着至关重要的角色。激光雷达是一种主动式遥感技术,其核心工作原理基于飞行时间测量(Time-of-Flight, ToF)。激光雷达通过发射激光束并接收反射信号来测量距离,从而生成三维点云数据,为机器人提供了一种高效、准确的环境感知方式。

## 2.实训内容

本案例基于激光雷达、IMU 和 faster-lio 程序,可以实现快速的点云配准、机器狗定位和点云地图构建。建图的主要操作流程和数据流图如图8.1所示:

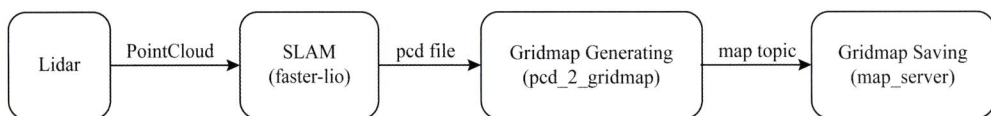

图8.1 建图的主要操作流程和数据流图

实验通过启动激光雷达驱动节点实时采集环境点云数据,结合IMU数据进行紧耦合融合,利用faster-lio算法构建点云地图。操作者遥控机器狗环绕需要构建地图的区域行走,通过RViz实时监控建图效果。完成扫描后,系统将点云转换为栅格地图，并使用GIMP工具进行人工修正。

### 3.实训目的及要求

（1）运行并学习了解Lite3的激光建图程序。

（2）参照点云话题名、IMU话题名等接口进行代码阅读、了解程序整体架构。

（3）阅读~/lite_cog/system/scripts/slam/gridmap.sh 和 ~/lite_cog/system/scripts/slam/save_map.sh两个脚本，熟悉ROS生态下的octomap和map_server软件包。

### 4.实训软硬件环境

（1）Lite3激光版（运动和感知主机的系统为Ubuntu20）；

（2）装有NoMachine且支持Wi-Fi的电脑。

### 5.操作指南

> 【注意】《激光定位、建图与导航》案例（含上、下）均基于ROS1，请参考《绝影Lite3感知开发手册》中的"3 ROS版本查看与切换"相关内容，进行ROS版本的检查与切换。

#### 准备工作

开始建图前，请检查/home/ysc/lite_cog/system/map 文件夹中是否存在以前建立的地图，如有，可移动到其他文件夹以避免覆盖。同时，由于建图需要占用较多的计算资源，所以请先在App上关闭所有感知功能。

#### 连接感知主机

使用NoMachine连接Lite3的感知主机，用户名为ysc，密码为'（英文单引号），IP为192.168.1.103。

#### 启动激光雷达驱动

打开一个终端并输入以下命令，以启动对应的激光雷达驱动（见图8.2），该终端在建图过程中应始终保持开启状态。

| 1 | cd /home/ysc/lite_cog/system/scripts/lidar | |
|---|---|---|
| 2 | ./start_lslidar.sh | #如果是Leishen雷达，请运行该脚本 |
| 3 | ./start_livox.sh | #如果是Livox雷达，请运行该脚本 |
| 4 | ./start_rslidar.sh | #如果是Robosense雷达，请运行该脚本 |

若雷达节点启动失败，可使用以下命令检查雷达与感知主机是否建立通信连接。

| 1 | ping 192.168.1.201 |
|---|---|

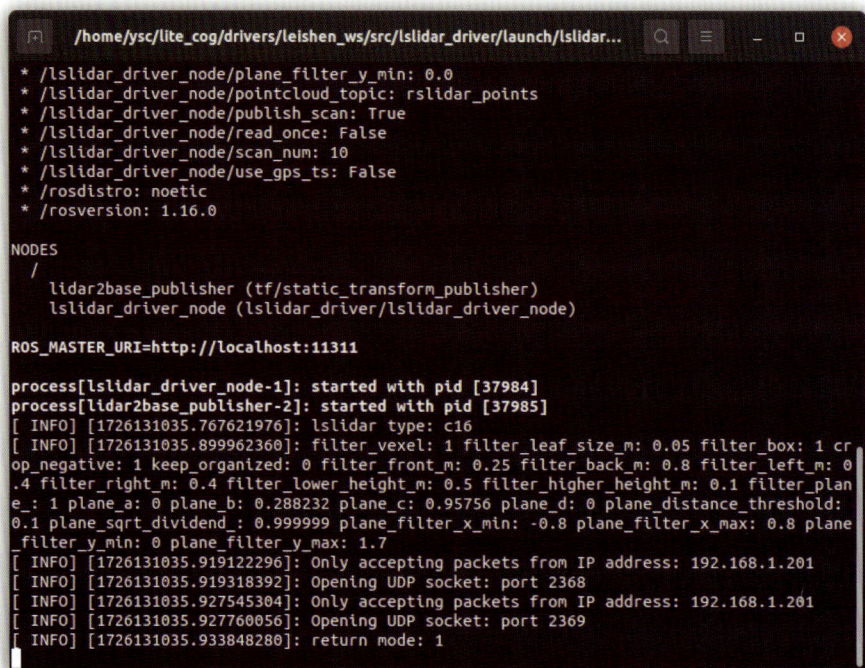

图8.2 终端指令示意

### 启动点云建图程序

①启动建图程序的脚本 start_slam.sh，位于/home/ysc/lite_cog/system/scripts/slam路径下。

| 1 | #!/bin/sh |
|---|---|
| 2 | # 开启建图程序 |
| 3 | gnome-terminal -x bash -c "source /home/ysc/lite_cog/slam/devel/setup.bash; ro- |
| 4 | slaunch faster_lio mapping_c16.launch; read -p 'Press any key to exit...'" |
| 5 | |
| 6 | # 开启生成grid_map终端 |
| 7 | gnome-terminal -x bash -c "bash /home/ysc/lite_cog/system/scripts/slam/gridmap.sh; |
| 8 | read -p 'Press any key to exit...'" |
| 9 | # 开启保存地图终端 |
| 10 | gnome-terminal -x bash -c "bash /home/ysc/lite_cog/system/scripts/slam/save_map. |
| 11 | sh; read -p 'Press any key to exit...'" |

②用户在使用NoMachine登录感知主机桌面,并遥控机器狗起立后,可在感知主机中打开一个终端输入以下命令,以使用该脚本启动建图程序。

```
1  cd /home/ysc/lite_cog/system/scripts/slam
2  ./start_slam.sh
```

### 生成栅格地图

执行完上述命令之后会启动可视化工具Rviz,并在运行建图启动脚本的终端中生成3个终端标签页,分别用来运行faster-lio,生成栅格地图和保存栅格地图(见图8.3)。

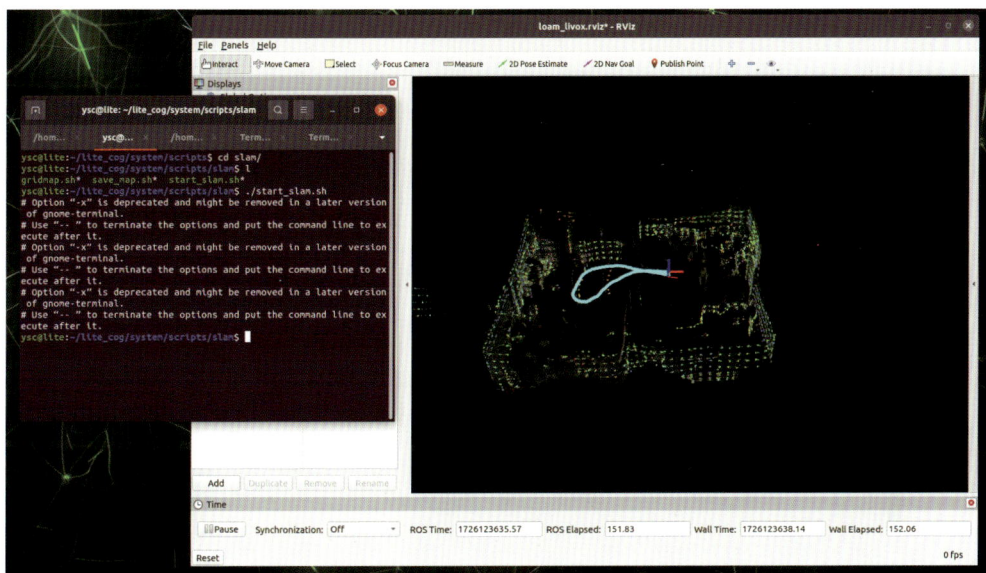

图8.3　生成栅格地图

### 控制机器狗建图

遥控机器狗环绕需要构建地图的区域行走,为了建图效果,在遥控转向时,请尽量保持转速缓慢。另外,由于激光雷达存在盲区,请让机器狗与墙面保持至少0.5米距离。

### 与真实环境校核

在机器狗走完需要建图的区域后,在Rviz中查看建立的点云地图是否与真实环境相符。

### 停止建图并保存文件

点云地图扫描完成后,找到faster-lio程序对应的标签页,按下Ctrl+C以停止建图,程序将自动保存三维点云文件(.pcd)到~/lite_cog/system/map目录下,并显示统计得到的平均处理耗时(如图8.4所示,耗时仅供参考,具体数值可能有所浮动),再次按下回车键可关闭标签页。

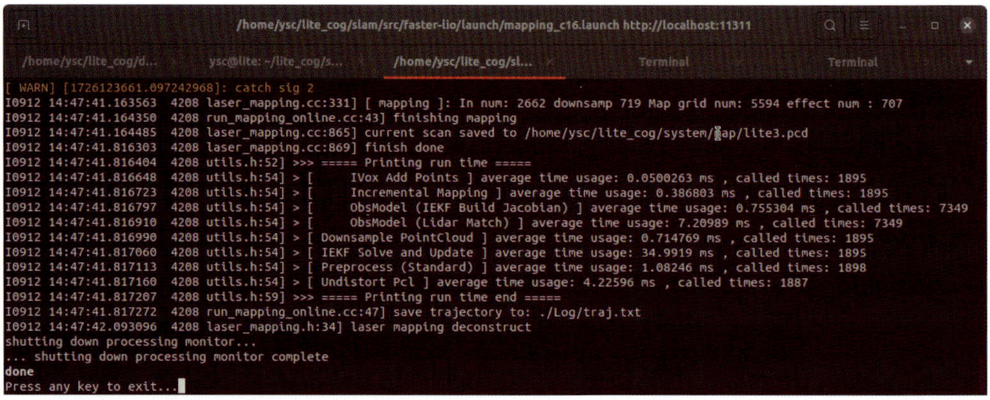

图8.4  保存建图文件

### 转化为栅格地图

三维点云文件(.pcd)保存成功后,找到如图8.5所示的标签页,输入1并按回车键后稍等一会,此时会调用pcd_2_gridmap功能包将点云地图转化为栅格地图,当弹出RViz窗口显示栅格地图时可进行下一步(见图8.6)。

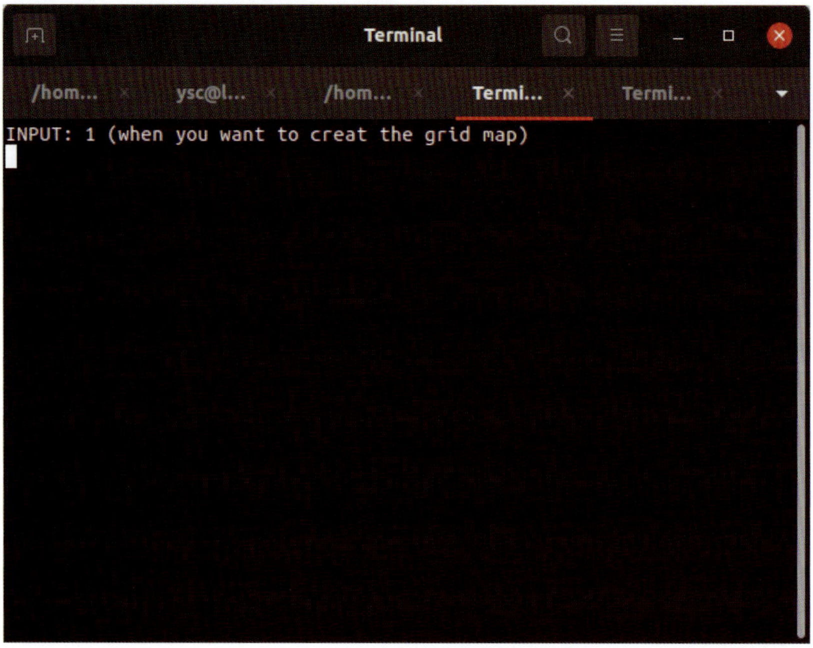

图8.5  转化栅格地图

图8.6　进入栅格地图界面

## 保存栅格地图

在点云地图转化为栅格地图之后,找到如图8.7所示的标签页,输入数字2并按回车键后稍等一会,此时会调用map_server功能包将栅格地图保存到/home/ysc/lite_cog/system 目录下的 map 文件夹中(包括 .yaml 文件、.pgm 文件)。

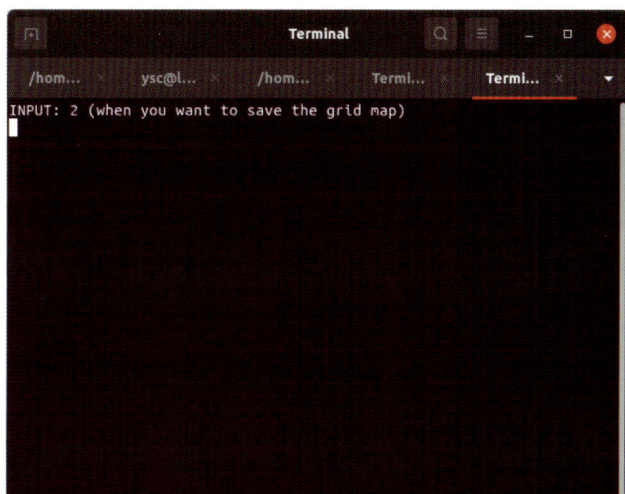

图8.7　保存栅格地图界面

## 人为修图

若栅格地图不完全符合实际环境或需要人为划定可通行区域,可打开一个终端并输入 gimp 以打开修图软件(见图 8.8),并将 /home/ysc/lite_cog/system/map 目录下的 .pgm 文件拖入修图软件中进行修图。

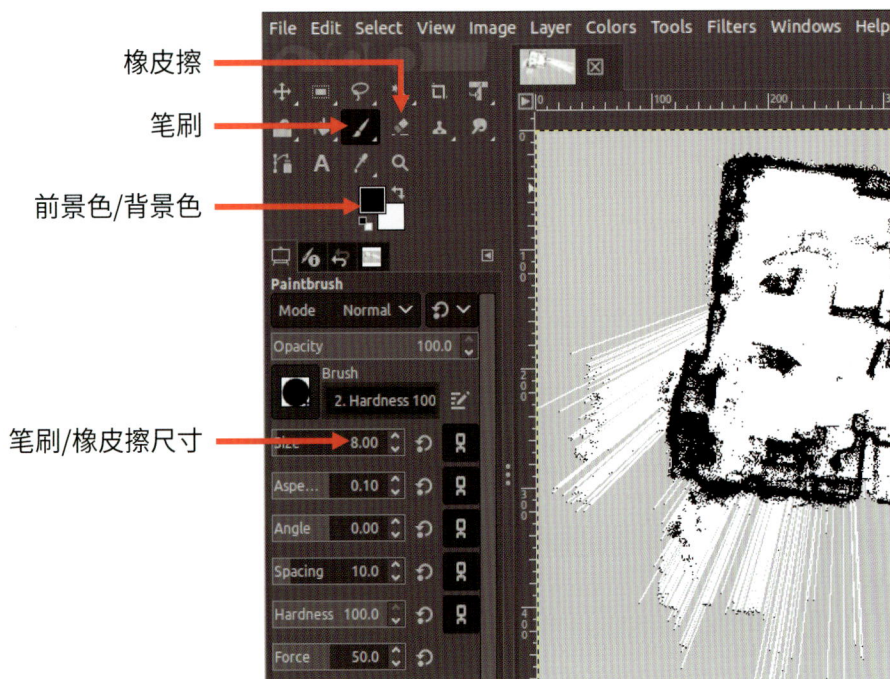

橡皮擦
笔刷
前景色/背景色
笔刷/橡皮擦尺寸

图 8.8　栅格图修图界面

①若 GIMP Image Editor 中的工具栏没有自动打开,可在上方菜单栏中选择 Windows → New Toolbox 打开工具栏。

②工具栏内含前景色与背景色工具。其中前景色设置铅笔工具的颜色,背景色设置橡皮擦工具的颜色。栅格地图中规定黑色为障碍物,即不可通行区域,白色为可通行区域,灰色为未知区域。您可以使用铅笔工具或橡皮擦工具添加或擦除黑色区域。

③修改完成后在上方菜单栏选择 File → Overwrite usr_map.pgm 对原文件进行覆盖(请勿选择 File → Save 保存),关闭该软件时会再次出现保存提示,此时无需再保存。

## 操作完成

完成所有操作后请关闭所有终端,以免影响后续进程。

建好的地图文件将默认存在于/home/ysc/lite_cog/system 路径下的 map 文件中。如改变地图路径或名称,需在/home/ysc/lite_cog/nav/src/hdl_localization/launch/local_rslidar_imu.launch 文件中配置所需地图名称和路径,以便后续定位导航程序能够正确调用。

| 1 | `<arg name="map_name" default="lite3" />`　　　//Define Map File Name |
| 2 | |
| 3 | `...` |
| 4 | `<node name="MapServer" pkg="map_server" type="map_server" args="/home/ysc/lite_cog/system/map/$(arg map_name).yaml"/>` |
| 5 | `...` |
| 6 | `<param name= "globalmap_pcd"  value= "/home / ysc / lite_cog / system / map/$(arg map_name).pcd" />` |
|  | `...` |

## 6. 参考资料

本案例资料与代码可通过前言中的网络代码库的总地址跳转或扫描下方二维码获取。

Github 平台

GitCode 平台

# 【案例9】 激光定位、建图与导航(下)

## 1. 实训背景

激光定位导航技术是现代智能机器人实现自主移动的核心支撑,其发展融合了传感器技术、计算机视觉、机器学习等多个领域的创新成果。作为一种基于环境感知的导航方法,激光定位导航依赖于对三维空间特征的精确提取与匹配,通过构建环境的空间表征来实现机器人的自主定位与路径规划。

该技术的核心在于建立环境感知、状态估计与运动控制之间的闭环系统。激光雷达通过主动式测距获取高精度的环境几何信息,配合惯性测量单元和里程计等多源传感器数据,实现对机器人位姿的实时估计。在算法层面,这一过程涉及点云处理、特征提取、数据关联、位姿优化等多个关键技术环节,需要解决传感器噪声、动态障碍物、计算效率等一系列工程挑战。

当前激光定位导航技术正朝着更高精度、更强适应性和更好实时性的方向发展。一方面,基于优化理论的SLAM算法不断演进,从早期的滤波方法发展到如今的基于图优化的框架;另一方面,深度学习等人工智能技术为特征提取、闭环检测等关键环节提供了新的解决方案。这些技术进步使得激光定位导航系统能够在室内外复杂环境中实现准确定位和实时路径规划。

## 2. 实训内容

本案例作为"激光定位、建图与导航"系列实验的进阶实践环节,以Lite3四足机器人平台为载体,深入探究激光定位导航系统的完整技术实现路径。

激光定位导航功能基于激光雷达点云数据、地图点云数据、IMU数据,实现机器狗相对于地图定位的获取。基于navigation下的move_base程序框架、全局规划器global_planner、局部规划器teb_local_planner和代价地图层static_costmap_layer、stvl_costmap_lay、sob_layer,实现Lite3在地图中的导航。

在具体操作环节,学习并实践从传感器驱动启动、定位初始化到目标点设置的完整导航流程。导航功能支持单目标点导航和多目标点循环导航两种模式,通过可视化界面,可以清晰地观察激光点云与地图的匹配效果,以及机器人规划的移动路径。

### 3.实训目的及要求

(1)运行并学习了解Lite3的定位导航程序。

(2)参照点云话题名、IMU话题名等接口进行代码阅读、结合rqt_graph命令,了解程序整体架构。

(3)查找并阅读程序包下各个yaml配置文件,结合代码了解其作用。

### 4.实训软硬件环境

(1)Lite3激光版(运动和感知主机的系统为Ubuntu20);

(2)装有NoMachine且支持Wi-Fi的电脑。

### 5.操作指南

【单目标点定位导航使用方法】

(1)使用NoMachine连接Lite3的感知主机,用户名为ysc,密码为′(英文单引号),IP为192.168.1.103。

(2)打开一个终端,输入以下指令以启动对应的雷达驱动(如果在建图中已经启动雷达驱动则无需再次启动)。

| | |
|---|---|
| 1 | cd /home/ysc/lite_cog/system/scripts/lidar |
| 2 | ./start_lslidar.sh    #如果是Leishen雷达,请运行该脚本 |
| 3 | ./start_livox.sh    #如果是Livox雷达,请运行该脚本 |
| 4 | ./start_rslidar.sh    #如果是Robosense雷达,请运行该脚本 |

(3)打开一个终端,输入以下指令以启动定位导航节点。

| | |
|---|---|
| 1 | cd /home/ysc/lite_cog/system/scripts/nav |
| 2 | ./start_nav.sh |

（4）开启导航后，需要对机器狗定位进行初始化（见图9.1）。

图9.1　Lite3定位

①点击顶部工具栏中的"2D Pose Estimate"按钮。

②确定机器狗的实际位置和朝向，将鼠标移动到地图中的对应位置，按住左键并依照实际朝向拖拽出箭头，然后松开鼠标左键。

③若定位初始化成功，激光点云与栅格地图会重合，且终端打印"initial pose received!!"。

④若激光点云与栅格地图没有重合，则说明初始位置没给对，请重新操作。

⑤若地图上没有出现激光点云，且终端打印的是"globalmap has not been received!!"，请用Ctrl+C关闭程序，重新运行尝试。

⑥base_link坐标系为机器狗坐标系，$x$轴（红色）表示机器狗朝向。

【RViz使用技巧】在RViz中，用鼠标滚轮可放大缩小地图，用鼠标左键可旋转地图，按住Shift键并使用鼠标左键，可平移拖动地图。

（5）定位初始化成功后，可按照相似方法给定一个目标点。

①点击顶部工具栏中的"2D Nav Goal"按钮。

②将鼠标移动到地图中的目标位置，按住左键并依照目标朝向拖拽出箭头，然后松开鼠标。

③若目标点指定成功，界面中会出现规划好的机器狗运动路径；若目标点指定失败，重新操作即可。

(6)在App上打开机器狗的自主模式,并使机器狗起立,机器狗将按照全局规划得到的大致路径前进,并通过局部规划避开动态障碍物,最终到达目的地。

【注意】为防止机器狗身体被认为障碍物,只有达到一定高度的物体才会被认定为障碍物。

【多目标点定位导航使用方法】

本案例还提供了使机器狗按序到达一系列目标点并进行循环导航的功能。

【注意】开始标点前,请检查/home/ysc/lite_cog/pipeline/src/pipeline/data文件夹中是否存在以前记录的目标点文件,如有,可移动到其他文件夹,以避免覆盖。

(1)首先参照上述步骤启动导航程序并给定初始定位,然后再打开一个终端,运行以下指令开启目标点配置程序(见图9.2)。

```
1    cd /home/ysc/lite_cog/pipeline/src/pipeline_tracking/tools
2    python3 location_record.py
```

图9.2　目标点配置程序

(2)将机器狗手动遥控至某个目标点位置,在"位点编号"处输入1,依次点击"获取点位"和"记录点位",将位点的记录文件1.json保存到/home/ysc/lite_cog/pipeline/src/pipeline/data目录下。然后将机器狗遥控至下一个位置,重复上述操作,直至所有点位记录完毕后,关闭标点程序。若中途标点程序被关闭,再次打开即可。

(3)打开一个终端,运行以下命令,并在App上将机器狗的自主模式打开,机器狗将前往距离最近的记忆位点,并按照位点序号循环导航。

| | |
|---|---|
| 1 | cd /home/ysc/lite_cog/pipeline |
| 2 | source devel/setup.bash |
| 3 | cd /home/ysc/lite_cog/pipeline/src/pipeline_tracking/scripts |
| 4 | python3 Task.py |

(4)此后,再次使用时,只需要先参照启动导航程序并给定初始定位,然后执行上一步即可使机器狗按照先前记录的目标点进行循环导航。

## 6.参考资料

本案例资料与代码可通过前言中的网络代码库的总地址跳转或扫描下方二维码获取。

Github平台

GitCode平台

# 【案例10】 人体自主跟随

## 1.实训背景

随着机器人技术的发展及对机器人应用的多样性需求,各种感知技术越来越多地被融合到机器人整体技术中,通过配备不同的感知传感器,机器人可以获取到外界的各种信息输入,并通过相应的算法处理成可以指导机器人自身决策的信息依据。

视觉传感器是机器人中最常用的一种传感器,且随着智能算法的进步,视觉传感器对机器人感知世界、任务决策等方面起的作用越来越大。

人体自主跟随技术通过视觉传感器采集图像,利用 YOLO、DeepSort 等算法实时检测、跟踪人体目标,并结合 IMU 数据优化定位。机器人基于目标位置动态调整运动轨迹,实现稳定跟随。

本案例基于 Lite3 机器人平台,借助 NVIDIA DeepStream 框架与 Yolov8 算法,实现基于视觉传感器的人体自主跟随功能。

## 2.实训内容

### 实时视频流处理

利用 DeepStream 的硬件加速能力,实现 RTSP 视频流的高效拉取与解码。

>>> **DeepStream**

通过 TensorRT 对 Yolov8 模型进行优化加速,在 Lite3 平台上实现实时人体检测与目标跟踪。

>>> **TensorRT**

### 人体识别与动态跟随控制

使用 Yolov8 模型检测画面中的人体目标,支持多目标识别。通过特征提取与帧间匹配算法(如 ReID 或 IOU 跟踪),实现跨帧目标轨迹关联,确保身份一致性。

允许用户手动选择特定跟踪目标,系统实时计算目标与机器狗的相对方位和距离,并动态调整机器狗运动状态。控制模块根据视觉反馈生成运动指令,实现自主平移、转向等响应行为。

## 3.实训目的及要求

(1)熟悉 NVIDIA 的 DeepStream 硬件编解码框架,初步了解视频编解码技术及其应用。

(2)熟悉 Yolov8 程序的应用、初步了解其实现识别跟随的原理。

(3)调节 PD 参数、学习了解 PID 控制作用原理。

(4)调节 YOLO 识别类型、实现对其他物品的识别跟随。

## 4.实训软硬件环境

(1)Lite3 激光版(运动和感知主机的系统为 Ubuntu20);

(2)装有 NoMachine 且支持 Wi-Fi 的电脑。

## 5.操作指南

(1)使用 NoMachine 连接 Lite3 的感知主机,用户名为 ysc,密码为′(英文单引号),IP 为 192.168.1.103。

(2)打开一个终端并输入以下命令,以启动跟随程序。

| 1 | cd /home/ysc/lite_cog/track/src |
|---|---|
| 2 | python3 run_tracker.py |

（3）使用 App 使机器狗起立并启动自主模式。

（4）当画面中出现人时,系统会为识别到的所有人物分配数字编号,并显示在画面上,用键盘输入需要跟随的人物的编号,按回车键锁定对象。

【注意】请始终保持演示窗口为前置状态,确保按键输入是在演示窗口界面进行。

（5）随后机器狗将对目标进行跟踪、识别。

（6）跟随期间出现目标丢失显示"Mission Object"时可按回车键进行重置。

（7）任意时刻在终端按下 Ctrl+C 键可结束任务。

（8）在 RobotController.py 文件中可以通过调整 linear_velocity = top * kp_linear_x − self.last_linear_velocity * kd_linear_x 中的 kp_linear_x 和 kd_linear_x 实现对 PD 参数的调整。

（9）在 YoloWrapper.py 文件中可以通过调整 return self.model.track(img, persist=True, classes=[CocoTypeId.kPerson], conf=0.5)中的 CocoTypeId.kPerson 实现跟随对象类型的调整。默认情况下 YOLO 程序将会显示所有类型的检测结果,通过设定类型参数可以只检测跟踪特定类型的对象,目标检测原理如图 10.1 所示。

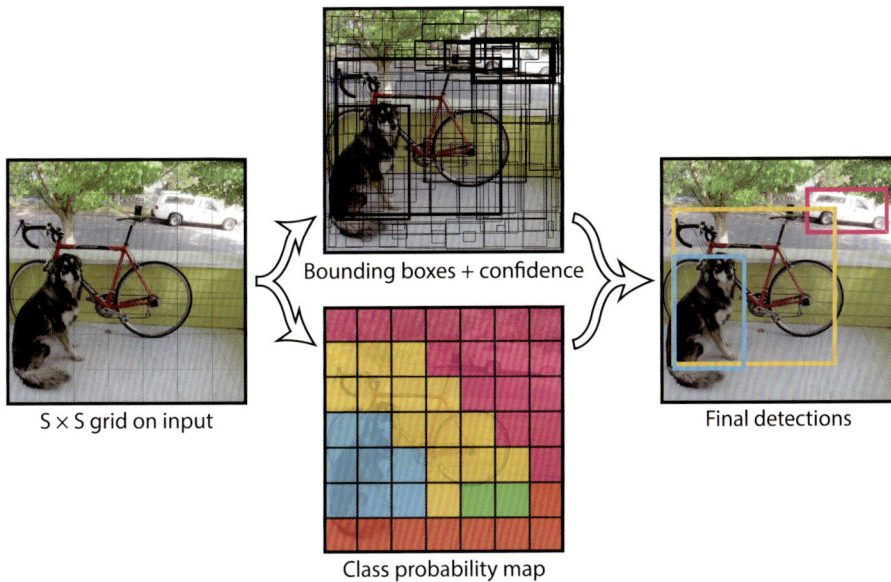

图 10.1　目标检测原理

（10）程序整体架构如图 10.2 所示。

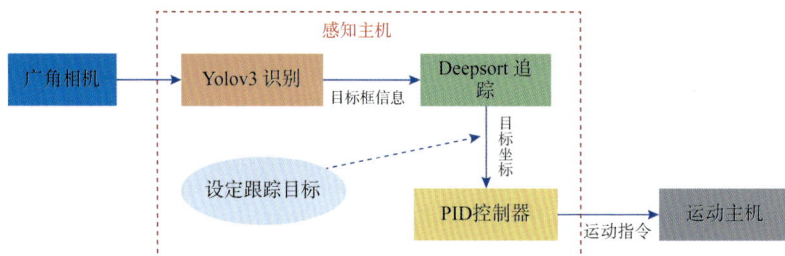

图 10.2　程序整体架构

（11）people_tracking 功能包的结构如下所示。

```
people_tracking
├── model
│   ├── export_engine.sh
│   ├── yolov8n_amd.engine
│   ├── yolov8n_arm.engine
│   ├── yolov8n.onnx
│   └── yolov8n.pt
└── src
    ├── GStreamerWrapper
    │   └── GStreamerWrapper.py
    ├── hub_sdk
    ├── RobotController
    │   ├── FpsCounter
    │   │   └── FpsCounter.py
    │   ├── RobotController.py
    │   ├── ROSTransfer
    │   │   ├── ROS1Transfer.py
    │   │   ├── ROS2Transfer.py
    │   │   └── TransferConstants.py
    │   └── YoloWrapper
    │       ├── CocoTypeId.py
    │       └── YoloWrapper.py
    ├── run_tracker.py
    ├── test
    │   ├── pull.py
    │   ├── pull.sh
    │   └── yolov8.py
    └── ultralytics
```

run_tracker.py 为人体跟随功能主程序。

GStreamerWrapper 是基于 DeepStream 的 GStreamer 硬件解码器，用于获取 RTSP 视频流。

RobotController.py 的主要运行逻辑体现在其 Run() 函数中，用于对从视频流中获取的图像进行人体识别，而后将识别结果用于发送运动指令和图像画面交互控件绘制。

ultralytics 下是开源的 Yolov8 程序包，用于对从视频流中获取的图像帧进行推理并进行跟踪，是 RobotController 下 YoloWrapper 的运行依赖。ultralytics/cfg 文件夹是 Yolov8 各种配置文件的存放地址，各配置文件已有较完善的注释。

sdk_hub 下是开源的 sdk_hub 程序包，是 Yolov8 程序包的运行依赖。

（12）有兴趣的同学可尝试更改代码内容及参数以获得更好效果。

## 6.参考资料

本案例资料与代码可通过前言中的网络代码库的总地址跳转或扫描下方二维码获取。

Github 平台　　　　GitCode 平台

# 【案例11】 大语言模型(LLM)部署及应用

## 1.实训背景

随着人工智能技术的迅猛发展,大语言模型(Large Language Model,LLM)展现了强大的自然语言处理和理解能力,能够从海量数据中学习并生成丰富的语言表达。而四足机器人凭借其出色的地面适应性、灵活性和稳定性,成为复杂环境中的佼佼者。无论在崎岖不平的地形还是障碍物密集的区域,四足机器人凭借其独特的运动结构都能够应对自如。将大语言模型与四足机器人相结合,可以为机器人赋予更加智能化的语言交互能力,使其不仅能够理解并响应人类的复杂语音指令,还能够通过自主决策应对未知场景。这种升级为四足机器人在搜救、导盲、巡逻、探险等多个领域带来了巨大的潜力和广泛的应用前景。

本实训的核心目标是通过将大语言模型部署到四足机器人上,探索其在环境感知和任务执行等多维场景中的应用,从而推动机器人技术向更加智能化、自动化的方向迈进。

## 2.实训内容

### 实现大模型API的调用与推理

基于已有的大语言模型API,完成模型的调用,获取模型的推理结果。通过语言模型理解指令并做出合理反应,为四足机器人提供智能化的语音交互能力。

### 通过UDP通信控制四足机器人动作

在机器人运动控制方面,通过UDP协议实现对四足机器人的远程控制。实验将模拟多种情景,设计并测试机器人在不同命令下的响应和动作执行,包括行走、打招呼等操作。

（3）基于 YOLO 和视觉大语言模型实现目标识别与跟踪

视觉大语言模型可以基于四足机器人当前视角的图像输入以及用户语音指令输入，得到推理结果，从而判断用户需要识别和达到的目标物体是否存在，如果目标存在即可将目标输入给 YOLO，结合相机信息得到目标位置，从而实现跟踪。

### 3. 实训目的及要求

#### 实现大语言模型 API 的调用

编程实现大语言模型 API 的调用，通过大语言模型系统提示词的设置实现一些特定任务的推理与日常对话。

#### 基于语音、视觉输入和 YOLO 模型，实现目标识别与跟踪

集成语音、视觉输入与大语言模型，实现四足机器人对于一些特定任务的执行，并且实现对于用户指定目标的识别以及跟随。当用户给出对话内容后，大语言模型需要判断是日常对话还是具体的任务，如果是日常对话则进行日常交流，如果是具体的任务则需要判断此任务能否执行，如果可以执行，就让四足机器人执行对应的任务。

### 4. 实训软硬件环境

（1）Lite3 激光版（运动和感知主机的系统为 Ubuntu20）；

（2）装有 NoMachine 且支持 Wi-Fi 的电脑；

（3）Python 3.8；

（4）Yolov8；

（5）pyaudio 或者其他音频输入模块；

（6）pyrealsense2。

### 5. 操作指南

（1）在 Github 上下载代码，理解代码含义，在 llm_ddemo.py 文件的第 22 行输入自己的 API 并保存，可以通过用户手册编写自己想实现的动作，或者修改大语言模型 llm_demo.py 文件中的"role": "system", "content"部分来实现自己想要的功能。

具体关于各类大语言模型调用的方式可以参考各类大语言模型的官网，例程中的大语言模型采用通义千问，其中音频文字转换功能采用"qwen-audio-chat"模

型,视觉语言模型采用"qwen-vl-max"模型,具体使用方法可以参考通义千问官方的 API 使用文档,网页链接:https://bailian.console.aliyun.com/?spm=5176.29597918. J__Xz0dtrgG-8e2H7vxPlPy.2.79e37ca0gBetiz#/model-market

(2)在四足机器人上部署代码:首先启动机器人电源,使用 NoMachine 连接 Lite3 的感知主机,用户名为 ysc,密码为′(英文单引号),IP 为 192.168.1.103,进行对应的代码的部署(可参考《绝影 Lite3 感知开发手册》的"2 准备工作"部分完成感知主机的连接)。代码主要分为大模型推理代码 llm_demo.py、udp 控制代码 llm_contorl 以及 YOLO 的模型文件。编译 llm_control 代码:

```
1  cd llm_control
2  catkin_make
```

(3)为了使用大模型 API、下载环境库,需要将无线网卡插入主机中,或借助感知主机背部的 Ethernet 接口或 USB 接口通过数据线与手机、电脑等可上网设备连接,并且连接到互联网。同时需要确认 realsense 相机是否正常打开,如果需要对话输入/输出,可以考虑在四足机器人上外接麦克风/扬声器。

(4)配置代码所需的 Yolov8、pyaudio、dashscope、pyrealsense2 等运行环境库:

①检查感知主机的 Python 版本,若 Python 版本低于 3.8,请使用以下命令安装 Python3.8:

```
1  sudo apt-get install python3.8
```

②部署 Yolov8 及其运行环境所需要的 torch 等库,参考官方文档(https://docs. ultralytics.com/quickstart/),代码所需的模型文件已经包含在 YOLO 文件夹中,也可以在官方文档(https://docs.ultralytics.com/zh/models/yolov8/#performance-metrics)中下载其他大小的模型,放入例程的 YOLO 文件夹下,并修改 llm_demo.py 文件中的第 123 行内容。

③部署 pyaudio,参考官方文档(https://people.csail.mit.edu/hubert/pyaudio),可以采用如下指令:

```
1  pip install pyaudio
2  or
3  sudo apt-get install python3-pyaudio
```

④部署 dashscope 或者其他公司的大语言模型库,这里以 dashscope 为例,参考官方

文档(https://help. aliyun. com / zh / model-studio / developer-reference / install-sdk#f80a232bb24v7),可以采用以下指令:

```
1   pip install -U dashscope
```

⑤部署pyrealsense2,参考官方文档(文档链接:https://dev.intelrealsense.com/docs/supported-platforms-and-languages),可以采用以下指令:

```
1   pip install pyrealsense2
```

(5)启动代码前,请打开llm_demo.py文件,若为语音输入,请将第145、146、149、150行代码取消注释并保存;若无麦克风输入,请将第152行代码取消注释并保存,代码在运行时可在终端界面中输入与机器人的对话内容。用控制手柄/手机连接机器人,使机器人起立,并在"设置"界面的"AI功能"下开启"自主模式"

【注意】为保证能正常执行命令,需要一直以高于2Hz频率为机器人下发心跳指令,否则机器人将停止工作,请确保控制手柄/手机与机器人正常连接。
【注意】运行案例时,请不要开启深度相机驱动,否则相机驱动会占用深度相机使案例无法正常运行。

(6)在案例代码的文件夹下,开启一个终端,输入以下代码启动udp控制代码。

```
1   cd llm_control
2   source devel/setup.bash
3   rosrun llm_control llm_control
4   cd ..
```

重新开启一个终端输入以下代码启动大模型推理代码:

```
1   python3 llm_demo.py
2   or
3   python llm_demo.py
```

在看到屏幕输出"请开始"之后,在键盘上按任意键即可循环运行,如图11.1所示,如果输入"q"则会退出程序。

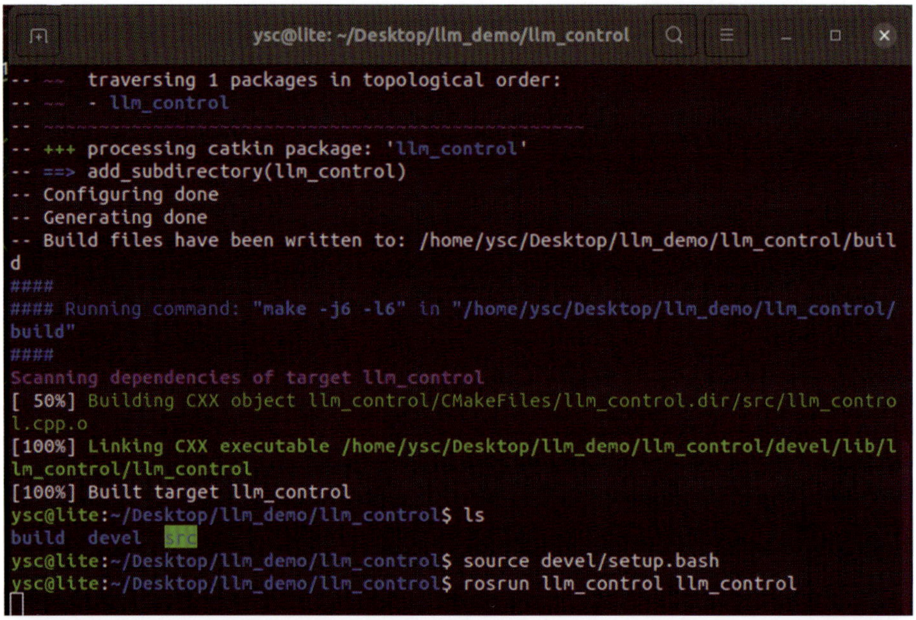

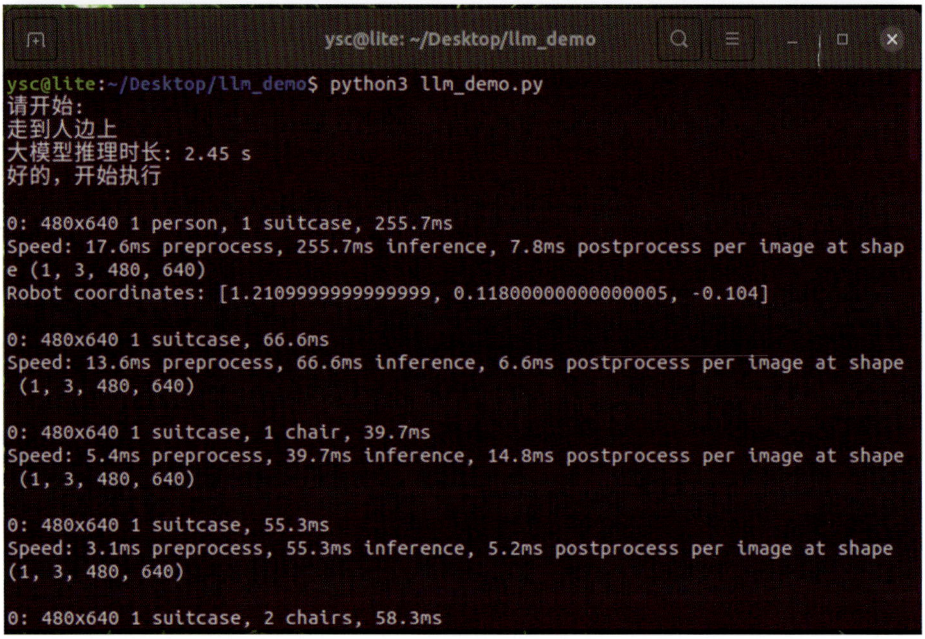

图 11.1　代码运行示意图

【注意】程序关闭后，如需重新运行，请在终端中输入 htop 确认 llm_demo.py 的进程是否完全被杀死，如果还有残留，请在终端中输入 sudo kill -9 (对应进程的 PID 号)，确保进程被完全杀死。

（7）系统整体框架如图11.2所示。

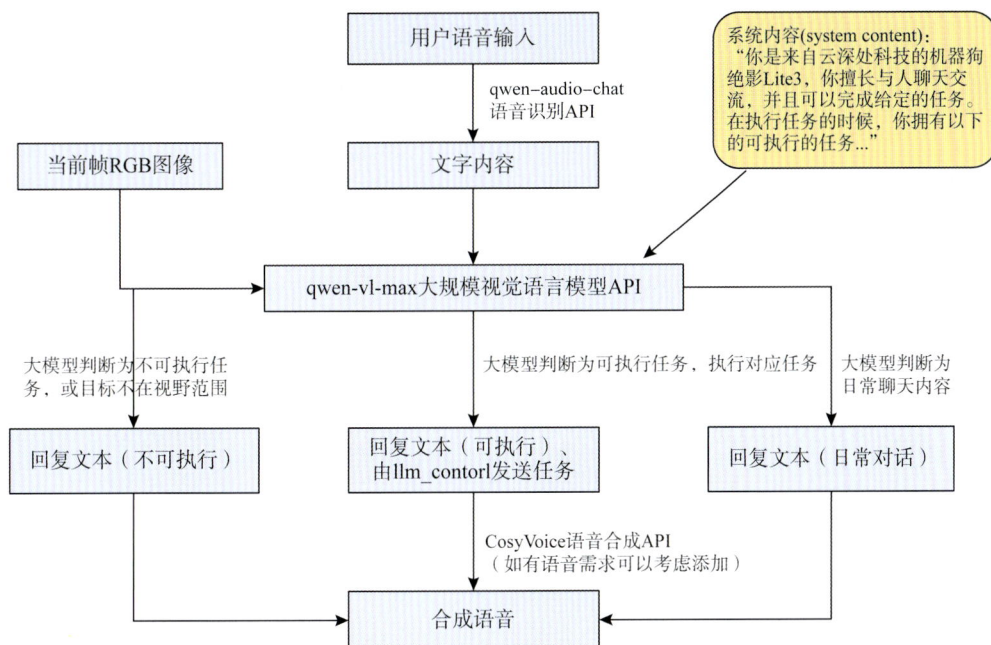

图11.2　LLM系统整体框架

## 6.参考资料

本案例资料与代码可通过前言中的网络代码库的总地址跳转或扫描下方二维码获取。

Github平台　　　GitCode平台

## 机器人视频赏析

山猫 M20

绝影 Lite3

绝影 X30

DR01